Martina Wildner

Moritz, King Kong und der Regentanz

Martina Wildner

Moritz, King Kong und der Regentanz

Mit Illustrationen
von Daniela Kohl

Hanser

HANSER hey! Schau vorbei und
teile dein Leseglück auf Instagram

1. Auflage 2023

ISBN 978-3-446-27669-7

Umschlag: Daniela Kohl, München
Satz im Verlag, Iris Kochinka
Druck und Bindung: Friedrich Pustet, Regensburg
Printed in Germany

MIX
Papier | Fördert
gute Waldnutzung
FSC® C014889

MORITZ, KING KONG UND DER REGENTANZ

DIE GOLAWSKI

Moritz, kannst du das bitte mal zur Golawski hochbringen?«, fragte mich Mama. »Das wurde schon vor Tagen bei uns abgegeben. Keine Ahnung, warum sie es nicht holt.«

Ich hasste die Golawski. Wenn man Glück hatte, meckerte sie nur. Wenn man aber Pech hatte, hielt sie Vorträge über den Weltuntergang, der ihrer Meinung nach kurz bevorstand.

»Das wäre echt nett«, sagte Mama, die erschöpft von der Frühschicht im Sessel lehnte und kalten Kaffee in sich hineinschüttete.

»Na gut.« Ich erbarmte mich und machte mich auf den Weg.

Je weiter ich im Haus nach oben kam, desto wärmer wurde es. Klar, warme Luft steigt auf. Es herrschte seit Wochen diese unglaubliche Hitze und der kühlste Ort war im ganzen Gebäude das Treppenhaus.

Schließlich erreichte ich den fünften Stock. Noch nie war ich dieser Wohnung so nahe gekommen und mir schien es, als stünde ich vor dem Eingang zur Hölle, einer düsteren, staubigen Mietshaushölle. Es war stickig und roch nach Fußboden-

belag. Allein der Name, Golawski, dachte ich, klingt schon grässlich, irgendwie nach tiefem, dunklem Schlund. Doch als ich läuten wollte, bemerkte ich, dass die Tür nur angelehnt war.

Natürlich hätte ich trotzdem klingeln können. Oder klopfen. Oder warten. Nicht einfach die Tür aufdrücken, wie ich es tat. Ich dachte nämlich: Prima, offen, da stell ich das Paket schnell in den Flur und hau ab.

Ich schob die Tür weiter auf und bekam einen Schock. Der Flur war dunkelgrün tapeziert. Blätter und Schlingpflanzen wanden sich über die Tapete wie in einem Urwald und schienen an manchen Stellen schleimig zu glänzen. Unter einer UV-Lampe wucherten riesige Venusfliegenfallen und auf Halterungen, die Ästen nachempfunden waren, saßen ein ausgestopfter Papagei und ein Koboldmaki. Über einer Tür hing der Kopf eines Krokodils.

Der zweite Schock waren die Geräusche. Genau in dem Moment, als ich über die Türschwelle treten wollte, um das Paket vorsichtig abzulegen, ertönte ein wildes Getrommel, dazu merkwürdige Schreie.

Ich ließ fast das Paket fallen und wollte weglaufen, da kam der dritte Schock: Aus der rechten Tür rannte eine zottelige Gestalt mit weißer Fratze und schwarzen, lochartigen Augen. Sie brüllte kurz auf, überquerte hastig den schmalen Flur und verschwand in der linken Tür. Jetzt schrie ich auf, drehte mich um und rannte aus der Wohnung, die Treppe runter und rein zu uns. Ich warf die Tür hinter mir zu.

»Moritz?«, rief Mama.

Ich antwortete nicht, sondern rannte weiter bis in mein Zimmer, warf noch mal die Tür zu und kroch unter die Bettdecke, wo mir der Schweiß ausbrach.

Mama kam hinter mir her. »Was ist los? War sie nicht da?«

»Doch, doch«, sagte ich durch die Decke.

»Ja, aber ... War irgendwas?«

Ich schlug die Decke zurück und setzte mich auf. »Nein, nichts.«

Mama schüttelte den Kopf. »Hat sie wieder rumgemeckert?«

»Ja, nein, ein bisschen, gar nicht ... jedenfalls ist das Paket jetzt oben.«

Mama gab sich damit zufrieden. Schließlich hatte sie auch keine Lust auf die Golawski.

Später machte ich das Katzenklo sauber, kratzte die stinkenden Katzenstreuklumpen zusammen, füllte sie in eine Tüte und brachte alles nach unten.

Kaum hatte ich den Sack in die Tonne geworfen, stand die Golawski vor mir. Ich erschrak, weil sie so plötzlich aufgetaucht war.

»Dir ist die Hälfte daneben gefallen«, sagte sie und zeigte auf die weißen Brösel, die neben der Tonne lagen und im Beet vom Rhododendron. Außerdem führte eine Spur quer über den Hof bis zum Treppenhaus.

»D-Das war ich aber gar nicht.« Vorsichtig musterte ich die Golawski. Immerhin sprach sie nicht vom Paket.

»Warum gibst du es nicht zu?«, fragte sie und deutete auf

die Brösel. »Warum kann nicht mal irgendwer was zugeben? Dann wäre es mit der Welt nicht so weit gekommen.«

Ich antwortete lieber nicht.

Vielleicht wollte die Golawski noch was sagen, vielleicht, wann genau der Tag des von ihr fast täglich prophezeiten Weltuntergangs war, aber sie starrte nur kurz auf die weiße Spur am Boden, dann winkte sie ab und ging davon.

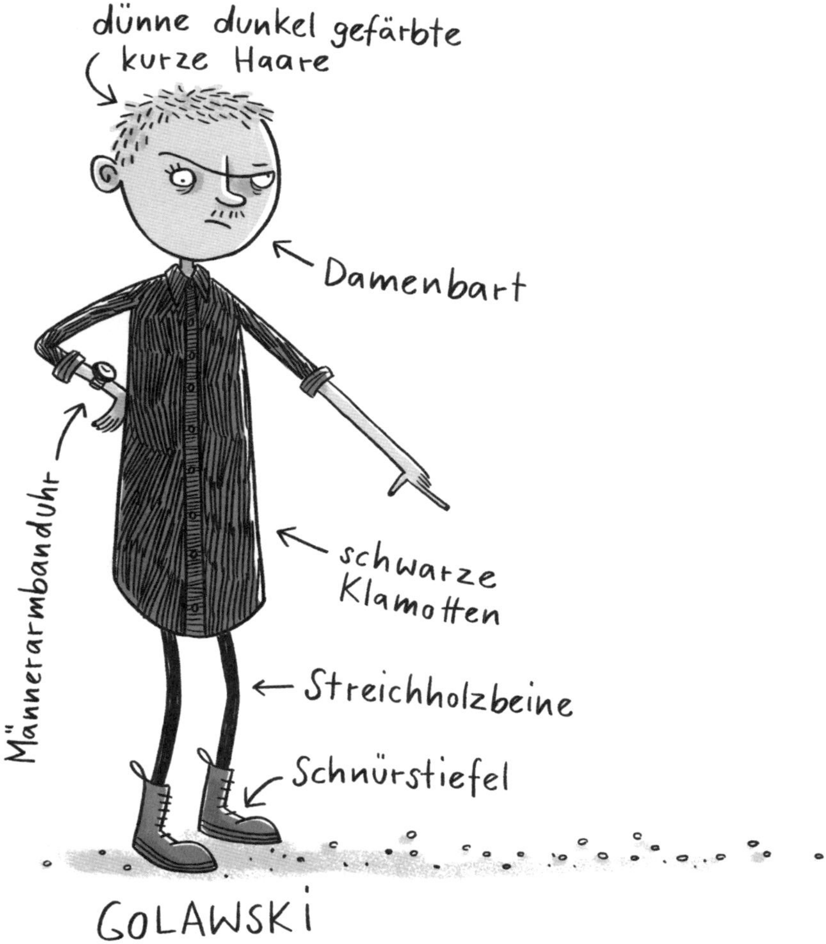

Ich wollte auch gehen, doch da tauchte Juna auf.

»Na, Katzenklo geputzt?«, fragte sie, als sie die Brösel sah.

»Die Golawski sagt, das hier war ich. Aber das kann ich gar nicht gewesen sein, denn unsere Katzenstreu ist blau und nicht weiß. Und außerdem« – ich senkte die Stimme – »sind in der Wohnung von der Golawski Monster.«

Ich schloss den Deckel der Mülltonne.

»Mh«, machte Juna unbeeindruckt. »Das bestärkt meine These. Nämlich, dass sie eine Hexe ist.«

»Ja, eine fiese alte Hexe«, sagte ich.

»Nein, nein«, antwortete Juna, »nicht so eine Hexe. Eine *echte böse* Hexe.«

»So wie bei *Harry Potter*? So wie die *Umbridge*?«

»So ungefähr.«

Ich schnaufte. Juna war verrückt. Hexen gab es nicht. Nur ätzende alte Nachbarinnen. Aber es hatte keinen Sinn, das mit Juna zu besprechen. Wir würden nur streiten, denn sie war sehr überzeugt von ihren Meinungen.

Juna wohnte noch gar nicht so lange neben uns, erst seit April. Sie war mit ihrer Mutter in die Wohnung vom alten Schröder gezogen. Mama sagte, der alte Schröder sei genau in dem Raum gestorben, der jetzt Junas Zimmer sei. Sie hat auch gesagt, ich solle das Juna auf gar keinen Fall erzählen, was ich natürlich doch gemacht habe.

Die fand das – natürlich – extrem spannend und wollte gleich wissen, wo genau der alte Schröder gestorben sei und woran, und manchmal überlegte ich, ob sie so verrückte Ideen hatte, weil sie in diesem Zimmer wohnte. Und jetzt behauptete sie eben, die Golawski sei eine Hexe, eine echte, böse wohlgemerkt.

Ich bückte mich und kratzte die weißen Krümel aus dem Beet. »Ob Katzenstreu schlecht für Rhododendren ist?«

»Was?«

»So heißen die Büsche.«

»Was du alles weißt.«

»Ja, und das da ist Waldmeister, das ist eine Hortensie und das eine Astilbe. Das wächst alles gut im Schatten …«

»Wollen wir zu mir hochgehen?«, unterbrach mich Juna.

»Ja, gern«, sagte ich, denn bei mir daheim war alles öde. Mama musste sich ausruhen genau wie Ella, unsere fette alte Katze.

Junas Mama war super. Man durfte bei ihr Süßes essen und Handy spielen, so viel man wollte. Sie hieß Astrid und ich konnte sie nur in ihrer Wohnung oder in Gegenwart von Juna erkennen. Begegnete ich ihr ohne Juna auf der Straße, war ich mir nie sicher, ob sie es tatsächlich war, denn Astrid wechselte dauernd Frisur, Haarfarbe und Brille.

Neulich hatte ich mal eine wildfremde Frau mit »Hallo, Astrid« begrüßt, worauf die Frau sagte: »So klein und schon so frech!« Ich verstand nicht ganz, was sie damit meinte, aber danach sagte ich zu niemandem mehr einfach so »Hallo, Astrid«.

»Wollt ihr Eis?«, fragte sie und gab uns zwei Kratzeis. »Und?«

»In unserer Wohnung sind es 27,5 Grad«, sagte ich.

»Ja, ja, schlimm. Viel zu heiß.« Astrid fächelte sich Luft zu. Ihr Haar war heute schwarz mit einem Stich ins Violette. Ihre Brille war ebenso schwarz, also schwarz umrandet, aber mit kleinen Glitzersteinchen besetzt.

»Was wollte denn die Golawski von dir?«, fragte Astrid.

»Ach, wegen der Katzenstreu«, erklärte ich. »Aber die ist nicht von uns.«

KEKS UNTER BAUM

Der nächste Tag war wieder genauso heiß, und ich hockte in der ersten Pause etwas abseits im Schatten eines Spitzahorns und aß mein Pausenbrot. Dabei dachte ich an diesen Witz:

Frage: Was ist ein Keks unter einem Baum?

Antwort: Ein schattiges Plätzchen.

Ich musste lachen.

Da kam Dennis, eine Tüte Chips in der Hand und Tim, seinen treusten Anhänger, im Schlepptau. »Was gibt's zu lachen?«

»Nichts.«

»Du hast aber gelacht.«

»Nein.«

»Lüg nicht!«

»Ich hab nicht gelacht.«

»O Mann«, sagte Dennis und schlug sich mit der flachen Hand an die Stirn. Tim glotzte mich an.

»Er ist so hobbylos«, sagte Dennis an Tim gewandt, »dass er sich selber Witze erzählt, damit er was zu lachen hat.« Und er lachte sein fieses Lachen.

Mit Dennis war nicht zu spaßen. Er war groß und stark und hatte zwei ältere Brüder, die noch größer und noch stärker waren und an die Sartre-Oberschule gingen. Die Sartre-Oberschule sei eine absolut krasse Oberschule, hieß es, und nur die krassesten Leute würden da hingehen. Man konnte froh sein, wenn Dennis einen in Ruhe ließ. Aber er ließ mich nicht in Ruhe.

»Boah, hobbylooooos!« Tim bog sich vor Lachen.

Zum Abschied schnippte mir Dennis dann auch noch gegen die Nase, sodass mir die Tränen in die Augen stiegen.

»Haha, und jetzt heult er!«

Dann war Mathe. Irgendein fantastischer Zufall hatte vor ein paar Wochen bewirkt, dass ich in diesem Fach neben dem wunderbarsten Wesen der ganzen Schule gelandet war. Odette Schmidt. Odette hatte dunkle, krause Haare, sogar ihre Wimpern waren gekraust. Das ist wirklich wahr! Normale Wimpern krümmen sich in einer gleichmäßigen Kurve nach oben. Odettes Wimpern taten das erst auch, aber an ihrem Ende änderten sie ihr Krümmungsverhalten, bogen sich stärker ein und bildeten fast so was wie eine Spirale. Ich konnte diese Wimpern stundenlang anschauen. Außerdem konnte sie supergut malen.

Doch heute hatte Frau Fähnlein andere Pläne, weil sie einen Test schreiben wollte und Dennis auf keinen Fall neben Tim sitzen sollte. Die beiden machten nämlich andauernd nur Blödsinn. Frau Fähnlein setzte also ausgerechnet meine angebetete Odette neben Tim und Dennis neben mich. Dann verteilte sie die Blätter.

Dennis, das merkte ich schnell, hatte null Ahnung, wie man Zentimeter in Dezimeter umrechnete. Ich glaube, er wusste nicht mal, dass es Dezimeter gab. Er stöhnte und ächzte und biss an seinem Füller herum. Keine einzige Zahl hatte er bis jetzt hingeschrieben. Ich selber war schon fast fertig, deswegen schob ich mein Blatt so hin, dass er alles abschreiben konnte, was er dann auch tat. Zufrieden gab er Frau Fähnlein sein Blatt.

»Na, Dennis, wie lief's?«, fragte sie.

»Bestens, bestens, Frau Fähnlein.«

Zum Mittagessen gab es Ravioli. Wieder saß ich etwas abseits, doch plötzlich schlug mir jemand auf die Schulter.

»Na, Alter?« Dennis stand neben mir. Normalerweise begrüßte er mich nie. Dann ging er zu Tim, setzte sich neben ihn und stopfte eine Riesenportion Ravioli in sich rein.

Nachmittags hatten wir Schulgarten. Die Sonne stach auf uns herunter, während uns Frau Fähnlein den Unterschied zwischen Löwenzahn und Sonnenblumen erklärte. Sie hatte unsere Schule beim Schulgarten-Wettbewerb angemeldet und

wollte nun einen Teil des Gartens in ein Sonnenblumenfeld verwandeln.

»Wozu müssen wir das wissen?«, fragte Anna-Lynn, die sich um ihre Fingernägel sorgte.

»Für den Wettbewerb. Der Löwenzahn muss raus, die Sonnenblumen sollen bleiben.« Frau Fähnlein deutete auf ein paar mickrige Pflänzchen in der staubigen Erde. Daneben standen kräftige grüne Gewächse mit saftigen, gezahnten Blättern.

»Ich versteh das nicht«, sagte Anna-Lynn. »Wieso ist die Pflanze, die gut wächst, schlecht und die andere, die schlecht wächst, gut?«

»Wegen des Wettbewerbs eben«, sagte Frau Fähnlein und wischte sich den Schweiß von der Stirn.

»Wir könnten doch auch überall Löwenzahn wachsen lassen«, schlug Anna-Lynn vor. »Wäre das nicht viel einfacher?«

Ich wandte ein: »Aber *Helianthus annuus,* also die Sonnenblume, bindet pro Tag das in 100 Kubikmetern befindliche Kohlenstoffdioxid. Das ist gut fürs Klima.«

»*Helidingsbums,* Moritz, du Nerd!«, rief Anna-Lynn.

Frau Fähnlein seufzte.

»Außerdem ist es zu heiß zum Arbeiten«, sagte Dennis.

»Ja, du hast recht. Es ist zu heiß. Wisst ihr was? Holt den Schlauch und gießt einfach nur.«

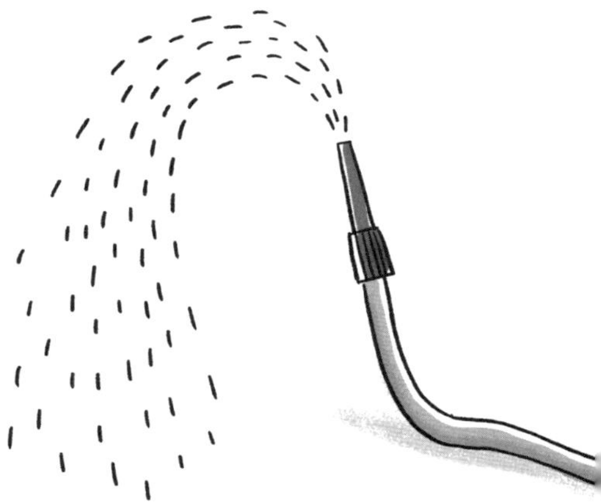

Als ich von der Schule nach Hause kam, goss ich auch erst einmal. Auf unserem winzigen Balkon hatte ich ebenfalls Sonnenblumen angesät, verschiedene Sorten, die so fabelhafte Namen trugen wie *Vanilla Ice*, *Miss Mars* oder *Teddybär*. *Vanilla Ice,* die in ein paar Wochen cremeweiß blühen würde, schoss regelrecht in die Höhe; sie würde viel zu groß für unseren Balkon, mir fehlten außerdem die passenden Töpfe. *Teddybär* dagegen war klein und niedlich. Sie sollte laut Samenpackung eine dicht gefüllte, flauschige Blüte bekommen, daher der Name. *Miss Mars* war eine rote Sonnenblume.

Nach dem Gießen warf ich das Unkraut, das ich gezupft hatte, in den Biomülleimer in der Küche. Da sah ich unten im Hof die Golawski. Sie stand bei den

Papiertonnen und riss mit aller Gewalt Pappen entzwei. Es machte ein lautes, bösartiges Geräusch, das im engen Hof hallte.

Jetzt trampelte sie mit ihren schwarzen Schnürstiefeln auf den Pappen herum. Wenn sie eine Hexe wäre, dachte ich, könnte sie die Kartons ganz ohne dieses Getöse in die Tonnen zaubern. Nein, eine echte Hexe war sie niemals.

Kurz danach kam Mama nach Hause.

»Na, wie war's in der Schule?«, fragte sie.

»Unsere Sonnenblumen sind mickrig. Sie brauchen so viel Wasser. Wir kommen mit dem Gießen nicht hinterher.«

»Wären denn deiner Meinung nach andere Pflanzen besser?«

»Weiß nicht. Sonnenblumen sind an sich schon gut, weil sie sehr unempfindlich sind. Aber vielleicht müsste man etwas anpflanzen, das Trockenheit besser aushält, so was wie Fetthenne, Königskerze, Wollziest. Das habe ich auch am Anfang des Wettbewerbs vorgeschlagen. Aber alle waren für Sonnenblumen.«

Mama tätschelte mir die Haare. »Ach, Moritz, mein Schatz.«

Ich drehte meinen Kopf ein bisschen weg, Mamas Hände waren feucht.

»Iiih, du schwitzt.«

»Entschuldige.«

»Wusstest du«, fuhr ich fort, »dass Sonnenblumen gar nicht in Europa heimisch sind?«

»Ach! Aber es gibt sie doch schon seit Jahrhunderten.«

»*Helianthus annuus* kommt ursprünglich aus der Gegend um Mexiko und kam etwa 1510 nach Europa. Um 1800 wurden in Russland erstmals Sonnenblumen gezüchtet, um das Öl zu gewinnen.«

Mama schüttelte den Kopf.

»Was du alles weißt!«

Das war das Schöne an Mama. Bei ihr musste ich mich nie schämen, mein unmögliches Nerdwissen zu verbreiten. Ich kippte ein Glas Leitungswasser in mich hinein. Mama auch.

»Aber dass ihr kein Hitzefrei hattet?«, sagte sie dann.

Ich winkte ab. »Der Schulleiter hat das Thermometer in den Keller gehängt.«

»Ah. Und sonst? Schule und so?«

»Na ja. Dennis ist blöd.«

»Das war er ja schon immer, oder?«

Wegen der Frühschicht hatte Mama nachmittags Zeit und wir gingen ins Freibad. Als wir abends zurückkamen, hockte Juna auf den Stufen vor unserer Etage und spielte auf ihrem Handy.

»Hast du dich ausgesperrt?«, fragte Mama sie.

»Nein, ich sitz hier bloß.«

»Ist das nicht langweilig?«

»Spannender als in der Wohnung. Hier kommt wenigstens ab und zu wer vorbei. Außerdem ist es kühler.«

»Das ist ein Argument«, sagte Mama und schloss die Tür auf.

»Mama, darf ich bis zum Essen noch ein bisschen mit Juna spielen?«

»Du meinst, mit Junas Handy … Ja, mach nur.«

Ich setzte mich zu Juna auf die Stufen. »Was spielst du?«

»Ach, dies und das.«

»Darf ich auch mal?«

»Ja, von mir aus.« Juna hielt mir ihr Handy hin. Es hatte einen Sprung im Display und sah auch sonst ziemlich ramponiert aus.

Während ich spielte, hockte Juna neben mir und wippte mit dem linken Fuß. Dann mit dem rechten. Dann gähnte sie.

»Was wohl passiert, wenn man Löcher in die Luft starrt?«, fragte sie nach einer Weile.

»Hä?« Ich flog zu Boden und zerschellte. *You failed.*

»Ich meine, was passiert da?«, fragte Juna.

»Vielleicht entsteht ein Vakuum«, schlug ich vor.

»Ein was?«

»Vakuum. Ein Raum ohne Luft.«

»Hm, interessant. Und was meinst du, wie groß wäre der wohl, dieser Raum? 30 Zentimeter oder bloß einen Millimeter? Und welche Form hätte das Loch, das entsteht?«

»Rund natürlich«, sagte ich.

»Warum?«

»Weil halt ... Seifenblasen sind doch auch rund. Aber die Löcher wären natürlich nicht so groß. Sie wären vielleicht nur so.« Ich zeigte mit den Fingern die Größe einer Murmel.

»So klein?«

»Ein Auge ist ja nicht so groß. Die Lochgröße könnte ja eventuell was mit der Größe des Auges zu tun haben.«

»Vielleicht hängt es nicht von der Größe des Auges, sondern von der Augen*kraft* ab. Starke Augen können große Löcher erzeugen, schwache Augen nur kleine.«

»Hm«, sagte ich und zerschellte wieder.

In dem Moment hörten wir von oben Schritte. Ich wusste sofort, wer da kam.

»Die Golawski«, flüsterte ich. »Sie wird gleich wieder schimpfen.«

»Wieso?«

»Was weiß ich. Es gibt immer Gründe. Schnell weg hier.«

Aber es war zu spät. Die Golawski räusperte sich, wir sahen ihre schwarzen Stiefel auftauchen.

»Wie schön, dass ich dich gleich hier treffe«, sagte sie an Juna gewandt. Mich beachtete sie gar nicht. »Ist deine Mutti da?«

»Nein«, sagte Juna. »Sie kommt erst in einer halben Stunde.«

»Ist sie noch auf Arbeit?«

»Nein, beim Arzt.«

»Ist sie denn krank?«

»Nein.«

»Wieso geht sie dann zum Arzt?«

»Äh, weiß nicht.«

Die Golawski blickte irgendwie unwirsch an die Decke. »Ach je. Das ist ja das Problem in der heutigen Zeit. Alle rennen zum Arzt, obwohl sie kerngesund sind. Kein Wunder, dass das Gesundheitssystem zusammenbricht.«

Natürlich. Egal, was man sagte oder machte, es war falsch und trug zum Untergang der Welt bei.

Die Golawski schaute nicht mehr zur Decke, sondern zu Juna.

»Aber deswegen bin ich nicht gekommen. Ich wollte wissen, ob ihr den Schlüssel für den hinteren Keller habt.«

»Wir haben eigentlich nur einen Keller. Ganz vorne.«

»Das weiß ich. Aber es könnte dennoch sein, dass ihr den Schlüssel für den hinteren Keller habt.«

Juna runzelte die Stirn. Auch ich wusste nicht, was genau die Golawski meinte.

»Egal«, sagte sie. »Ich frag nachher deine Mutti. Wenn sie vom Arzt zurück ist.«

Darauf drehte sich die Golawski um und stieg wieder hinauf.

Als die Tür oben ins Schloss fiel, fragte Juna: »Ob sie wohl in diesen Schuhen schläft?«

»Pfff«, machte ich.

»Vielleicht sind sie festgewachsen.«

»Das gibt's doch nicht.«

»Doch, doch. Meine Mum ist mal an ihrem Ehering festgewachsen. Ihre Finger sind zu dick geworden und sie hat ihn nicht mehr abbekommen. Das war doof, denn sie hatte sich ja gerade erst getrennt. Sie ist dann wegen des Rings zum Arzt.«

»Und was hat der gemacht?«

»Er hat ihn wegoperiert.«

»Im Ernst?«

»Nein, in Narkose.«

You failed. Wieder war ich an dieser blöden Klippe zerschellt. Aber mit dem blöden Sprung im Display sah man auch nichts.

»Du bräuchtest ein neues Glas«, sagte ich.

Juna lachte nur trocken. »Sag das mal meiner Mum. Aber hast du eine Ahnung, was die Golawski mit dem Schlüssel will?«

»Nein.«

»Und was war eigentlich mit den Monstern in ihrer Wohnung?«

»Nichts.« Ich winkte ab. Irgendwie war mir das Thema unangenehm.

»Vielleicht fühlt sie sich von den Monstern gestört und möchte sie in den Keller sperren.«

»Ach, Juna. Vermutlich war das gar kein Monster, sondern eines ihrer ausgestopften Tiere.«

»Was für ausgestopfte Tiere?«

»Papageien, Koboldmakis und sogar ein Krokodil.«

Juna war nur kurz beeindruckt, dann konterte sie. »Ausgestopfte Tiere sind tot und bewegen sich nicht.«

Ich schwieg. Juna hatte recht.

»Aber wir könnten im Keller ja mal nachschauen«, schlug sie vor. »Nur mal an dem hinteren Abteil vorbeigehen.«

»Jetzt?«

»Ja.«

»Ich meine, jetzt gleich, sofort?«

»Ja, warum nicht?«

Ich schnaufte. Zum Glück rief Mama zum Abendessen und wir verschoben den Kellerplan auf einen anderen Tag.

SUCH DIR WAS AUS

Unser Hort befand sich in einem Backsteinhaus neben der Schule auf demselben Gelände. Es gab einen Steckplan, an dem man seinen Namen dahin pinnte, wo man gerade war: draußen, unten beim Kicker, im Bastelraum oder in anderen Zimmern, wie zum Beispiel dem Hausaufgabenraum.

Dorthin ging ich gern. Man hatte seine Ruhe, weil nie jemand dort war. Auch heute nicht. Doch plötzlich wurde die Tür aufgerissen und Dennis baute sich vor mir auf.

»Hi«, sagte er.

»Hi«, sagte auch ich.

Dennis hatte in Mathe eine Zwei bekommen.

»Ich wusste, dass du das kannst«, hatte Frau Fähnlein beim Herausgeben der Blätter zu ihm gesagt, »wenn du mal nicht so viel Quatsch machst und aufpasst.«

Jetzt sah Dennis sich kurz um, dann zog er einen Stuhl zu sich heran, setzte sich drauf und legte seine Beine auf meinen Tisch. Er trug rote FC-Bayern-Schlappen, in seinem Socken war an der Ferse ein Loch.

»Du kannst bei uns mitmachen, wenn du willst«, sagte er, nachdem er es sich bequem gemacht hatte. Das Loch im Socken hatte in etwa die Größe eines in die Luft gestarrten Lochs.

»Du willst doch, oder?«

»Klar!«, sagte ich und lachte, obwohl ich nicht genau wusste, wobei ich mitmachen sollte. Meinte er seine komische Gang?

»Wir sind natürlich alles krasse Leute.«

»Klar«, sagte ich und nickte.

»Bei dir will ich aber mal nicht so streng sein. Du hast mir schließlich geholfen. Doch ein, zwei kleine Tests müssten schon sein.«

»Klar ...«

Er sah mich prüfend an. Sicher merkte er, dass ich keine Ahnung hatte, wovon er sprach, und ich vor Angst halb starb.

»Am besten jetzt gleich«, sagte er. »Los, komm.«

Schneller, als man es vermutet hätte, war er aufgesprungen. Ich nahm meine Schultasche und folgte ihm.

»Du hast doch hier nicht ernsthaft Hausaufgaben machen wollen?«, fragte er mich auf der Treppe.

»Nee, nee«, antwortete ich. »Man hat da oben nur seine Ruhe.«

»Stimmt«, sagte Dennis und lachte.

Ich war froh, dass er meiner Meinung war.

Unten, an der Stecktafel angekommen, nahm Dennis unsere beiden Kärtchen und steckte sie bei »Hof« hinein.

»Lass die Schultasche hier und nimm den Turnbeutel mit«, befahl er.

Ich fragte nicht nach dem Sinn dieser Anordnung und tat, was er gesagt hatte. Wir überquerten den Hof, Dennis steuerte auf die Büsche zu. Was hinter den Büschen war, wusste ich: das Loch.

Das Loch war in diesem Fall keines in der Socke und auch keines in der Luft, sondern eines im Zaun. Ich wusste nicht, ob der Hausmeister und die Lehrer das Loch kannten; man sah es nicht, nicht einmal von außen, denn auch außen standen die Büsche, zwei Forsythien und ein Hartriegel, sehr dicht.

»Los, rein«, sagte Dennis.

Wir schlüpften ins Gebüsch. Dort war es sehr eklig. Überall lagen Bonbonpapierchen und aufgeweichte Papiertaschentücher. Keine Ahnung, wieso, schließlich hatten wir im Hort jede Menge Abfalleimer.

Dennis jedoch interessierte der Müll nicht, er bückte sich und kroch durch das Loch. Ich ahnte Schlimmstes, denn natürlich war es verboten, das Schulgelände zu verlassen. War das schon die Mutprobe, von der er gesprochen hatte?

Todesmutig kroch auch ich durch das Loch, doch das genügte Dennis nicht. Er deutete auf den Trampelpfad, der aus dem Gebüsch herausführte.

»Weiter«, sagte er.

Hinter den Büschen kam ein Stück Wiese, dann drei junge Kastanienbäume, dann ein Weg durch die Ausläufer eines kleinen Parks. Folgte man diesem Weg, erreichte man eine größere, stark befahrene Straße und einen *Penny*-Markt. Mama hatte dort manchmal eingekauft, wenn sie mich vom Hort abgeholt hatte. Seit zwei Monaten durfte ich allein nach Hause gehen.

»Wir gehen in den *Penny*«, sagte Dennis.

»Okay«, sagte ich. »Aber ich hab gar kein Geld.«

»Das macht nichts.«

Ich trottete hinter Dennis her. Wie in den letzten Tagen auch war der Nachmittag brütend heiß und alle Leute schleppten sich durch die Straßen, immer auf der Suche nach Schatten. Der *Penny* war deswegen ein guter Ort. Es war so kalt dort, dass man Gänsehaut bekam, wenn man sich darin länger als zehn Minuten aufhielt. Die Kassiererinnen trugen Strickjacken.

»Geil, diese Kälte«, sagte Dennis. Auf seiner Nase standen Schweißtröpfchen. Er schleppte ja sicher zehn Kilo mehr als ich mit sich herum. Zielstrebig steuerte er auf die Getränke zu und nahm eine Flasche *Mezzo Mix*. Dann gingen wir zu den Süßigkeiten.

»Keine Chips heute?«, fragte ich.

Dennis warf mir einen ungnädigen Blick zu. Falsche Frage anscheinend.

»Such dir was aus!«, sagte er und zeigte auf das Süßigkeitenregal, als gehöre das alles ihm.

Weil ich bloß blöd schaute, verdrehte er die Augen und sagte leise: »Such dir aus, was du gern klauen möchtest.«

Eigentlich mochte ich gar nichts klauen und gern schon gar nicht, aber jetzt wusste ich wenigstens, worin die Mutprobe bestand.

»Klaust du das *Mezzo Mix* auch?«, fragte ich eine Spur zu laut.

»Pssssst!« Dennis sah mich grimmig an.

Da stand ich vor den Süßigkeiten und hatte keine Ahnung, was ich gern geklaut hätte: *Duplo, Haribo, Mars, Bounty, Oreo, Hanuta, Lion, Mars, Katjes, Maoam, Nimm2, Wrigley's* oder *Twix*? Am besten, dachte ich, ich nehm das Kleinste.

Dennis sagte: »Und dann steckst du deine Beute in den Turnbeutel.«

»Mh.« Deshalb also der Beutel.

Es gab auch *tic tac*. Das war ziemlich klein. Aber *tic tac* ist vielleicht zu laut, überlegte ich. Es scheppert, wenn ich renne. Außerdem mochte ich *tic tac* überhaupt nicht.

Oder *Orbit*, dachte ich. Den gab es auch als kleine Einzelpackung.

Ohne lange zu überlegen, nahm ich den *Orbit* und ließ ihn in meinem Turnbeutel verschwinden. Hektisch schaute ich mich um.

»Nicht umschauen!«, raunte Dennis. »Wir gehen jetzt ganz unauffällig zur Kasse.«

Also gingen wir zur Kasse. Dennis schlurfte und war sehr lässig. Ich wagte nicht mehr, mich umzudrehen oder auch nur zur Seite zu schauen. Bestimmt standen sie schon hinter mir, die Verkäufer, die Security und die Kaufhausdetektive. Ob es die in so einem kleinen Laden überhaupt gab? Oder wurde alles videoüberwacht?

Drei Leute waren vor uns. Die Kassiererin arbeitete, so kam es mir wenigstens vor, im Schneckentempo. Wahrscheinlich freut sie sich schon darauf, mir sagen zu können, ich solle ihr mal den Inhalt meines Turnbeutels zeigen. Ja, auf diesen Satz hat sie den ganzen Tag gewartet! Ich klapperte mit den Zähnen.

Dann waren wir endlich dran. Dennis legte sein Getränk aufs Band, ich machte ein unauffälliges Gesicht, auch wenn ich eigentlich nicht genau weiß, was das ist. Vermutlich ein dummes.

»1,99«, sagte die Kassiererin.

Dennis gab ihr ein Zwei-Euro-Stück.

»Danke. Kassenbon?«

»Nee, brauch ich nicht.«

»Tschüss.«

»Tschüss.«

Dann waren wir durch. Der Mann von der Security grüßte Dennis, dann verließen wir den Laden.

Draußen erschlug mich die Hitze fast und ich bekam weiche Knie.

»Echt, du magst *Orbit*?«, fragte Dennis. Ich hörte die Verachtung in seiner Stimme.

»Na ja, ich … Er ist ohne Zucker.«

Dennis kniff die Augen zusammen. Dachte er womöglich, ich könnte denken, er sei zu dick?

»Wegen der Zähne«, fügte ich eilig hinzu.

»Was ist mit den Zähnen?«, fragte Dennis, der anscheinend gar nicht zugehört hatte, weil er irgendeinem Jungen auf einem E-Scooter nachgeguckt hatte.

»Nichts«, sagte ich.

»Doch, es ist was mit den Zähnen. Lüg nicht.«

»*Orbit* schadet den Zähnen nicht.«

»Ach so, sag's doch gleich. Das ist übrigens Gesetz. Lüg nie den Boss an.«

»Und … wer ist der Boss?«

Dennis konnte nicht glauben, dass ich so blöd fragte. »Na, wer wohl?«

»Ja, ja, klar, du, aber …« Irgendwie war ich davon ausgegangen, die absoluten Oberbosse seien seine Brüder.

»Nichts aber. Ich bin der Boss und fertig.«

»Klar.« Ich nickte.

Schweigend gingen wir Richtung Schule. Wir waren vielleicht eine Viertelstunde weg gewesen. Ob es aufgefallen war? Und war ich aufgenommen?

Wieder zurück im Hort – niemand hatte unsere Abwesenheit bemerkt – füllte ich einen Eimer mit Wasser und goss der Reihe nach alle Hofbäume: sieben Ahorne, drei Platanen, einen Götterbaum und zwei Kastanien. Jeder Baum braucht bei Trockenheit einen Eimer Wasser pro Tag, hatte uns Frau Fähnlein erklärt und uns in Mathe ausrechnen lassen, wie viel Wasser alle Schulbäume brauchten, wenn in einen Eimer zehn Liter passten.

Die Eimer waren schwer und das Wasser lief eher davon, als dass es versickerte. Eine anstrengende und eher sinnlose Arbeit. Aber ich hatte das Gefühl, für meinen Diebstahl büßen zu müssen.

KELLERMONSTER GEISTERRATTEN

Es gibt nichts Langweiligeres als große Hitze, wenn man nicht gerade ins Schwimmbad gehen oder mit Spritzpistolen eine Wasserschlacht machen kann. Auch Juna langweilte sich. Ich traf sie im Treppenhaus.

»Kommst du mit in den Keller?«, fragte sie.

»Jetzt?«, fragte ich, abgekämpft vom vielen Eimerschleppen im Hort.

»Ja.« Juna zeigte mir einen Schlüssel. »Wir hatten nämlich *doch* einen für den hinteren Keller. Die Golawski hat doch danach gefragt. Mum hat ihn ihr gegeben, weil uns der Keller ja eh nicht gehört.«

»Aber der Golawski gehört er auch nicht. Sonst hätte sie ja den Schlüssel.«

»Keine Ahnung. Vielleicht hatte ihn der alte Schröder dazugemietet. Jedenfalls hatten wir nicht nur einen Schlüssel für den hinteren Keller, sondern zwei, nämlich diesen hier. Und damit können wir nachschauen, was die Golawski da unten vorhat.«

Juna wartete meine Antwort nicht ab, sondern ging die Treppe hinunter. Ich folgte ihr und sie schloss die schwere Metalltür auf, die vom Hof in den Keller führte. Ein Schwall kühler Luft kam uns entgegen.

»Mmmmmh«, machte Juna.

»Ja, mmmmh«, machte auch ich. Es roch lecker nach Keller. Eine gelbliche Birne erhellte die Stufen nach unten. Ich fasste an die Backsteine der unverputzten Wand. »So schön kühl.«

Wir waren unten angekommen. In einer Ecke lag eine leuchtend rote Karte mit dem Hinweis auf Rattengift. Es waren mal wieder Köder ausgelegt worden. Juna inspizierte die Verschläge, die alle mit Vorhängeschlössern gesichert waren.

»Es muss ein Keller weiter hinten sein«, sagte Juna und wir ließen die ersten Kellerabteile links liegen. Je weiter wir in den Keller vordrangen, desto kühler, feuchter und dunkler wurde es.

»Aaaah!«, schrie ich, denn ich war auf etwas getreten.

»Was ist denn?«

Ich blickte zu Boden, sah aber, nachdem ich den Fuß angehoben hatte, nur ein dunkles Häufchen.

»Uuuuh.« Juna schaltete ihre Handytaschenlampe an.

»Das ist ja eine tote Ratte!« Ich rieb mit meiner Schuhsohle am Boden, um eventuelle Rattenreste zu entfernen.

»Die arme Ratte!«, sagte Juna und beugte sich zu ihr herunter. »Wir müssen sie begraben.«

»Bist du verrückt? Sie ist vergiftet. Und wenn wir sie berühren, vergiften wir uns auch.«

»Quatsch«, sagte Juna. Sie richtete sich auf und sah sich um. »Aber eigentlich frag ich mich, warum man Giftköder auslegt. Man könnte auch eine Katze auf die Ratten ansetzen. Zum Beispiel eure Ella.«

»Die ist zu alt. Die Ratten würden eher sie fressen.«

Juna lachte. »Stimmt wahrscheinlich. Na ja, um die Ratte kümmere ich mich später. Erst will ich rausfinden, zu welchem Abteil der Schlüssel gehört.«

»Ja, machen wir das«, sagte ich und hoffte, Juna würde ihren Plan, die Ratte zu beerdigen, vergessen.

Wir waren jetzt ganz hinten angelangt und standen vor der letzten Tür. In die anderen Abteile hatte man durch die Latten hineinsehen können, bei diesem jedoch war von hinten Pappe an den Latten befestigt. Der Schlüssel passte! Doch das Schloss klemmte und Juna musste eine ganze Weile rütteln, bis es aufging. Endlich konnte sie es abnehmen und die Tür aufdrücken. Sie knarrte schauderbar.

Juna stand vor mir, sodass sie als Erste in den Kellerraum blicken konnte und mir die Sicht versperrt war.

»Aaaaaah!«, schrie sie, machte einen Schritt zurück und zog die Tür hastig zu.

»Was ist?«

Juna wandte sich zu mir um. »Da ... da ... sind wirklich Monster!«

Wir standen beide ganz still. Kein Geräusch war zu hören.

Ich dachte an das Wesen in der Wohnung der Golawski. Anscheinend hielt sie hier unten noch mehr davon gefangen. Am liebsten wäre ich sofort abgehauen, einfach hoch, in den übersichtlichen Hof mit den gutmütigen Mülltonnen. Andererseits war meine Neugier geweckt, und natürlich durfte nicht sein, dass Juna etwas sah und ich nicht. Vorsichtig machte ich einen Schritt auf die Tür zu.

»Es ist sooo grässlich«, warnte mich Juna.

Jetzt stand ich vor der Tür. Im Abteil war es ruhig.

»Man hört nichts«, sagte ich und drückte todesmutig die Tür ein kleines bisschen auf. Sie ächzte und knarrte in ihren rostigen Angeln.

Ich hielt die Luft an, schnappte mir Junas Handy, schaltete das Licht an und öffnete die Tür ganz.

»Aaaaaah!«, schrie auch ich und zog die Tür, so schnell ich konnte, zu.

Ich hatte in grauenhafte Fratzen geblickt: Mehrere bleiche Gesichter mit tellergroßen schwarzen Augen und runden, aufgerissenen Mäulern. Es waren ganz ähnliche Gesichter wie das, das ich oben in der Wohnung gesehen hatte.

»Aaaaah!«, schrie ich noch mal, wandte mich um und rannte

durch den Kellergang in Richtung Ausgang, Juna folgte mir, doch sie war langsamer. Ich spurtete die Treppe hoch, bis ich wieder im Hinterhof stand. Hier war alles hell und warm.

Ich schnaufte durch. Wo war Juna? Sie war doch am Anfang mitgerannt! Offenbar war sie irgendwo unten stehen geblieben … oder … ein Monster hatte sie erwischt. Ich ging vorsichtig auf die Kellertür zu.

»Juna?«, rief ich hinunter.

Keine Antwort.

»Juuuunaaaaa!«

Die Monstergeister waren über sie hergefallen! Und ich hatte sie im Stich gelassen!

»Juuuuuuunaaaaaaa!«

»Was schreist du so?« Gemütlich kam sie durch die Kellertür. »Ich musste noch abschließen und außerdem die Ratte mitnehmen.« Sie hielt mir die tote Ratte hin. Immerhin hatte sie einen Fetzen Papier benutzt, um sie aufzuheben. »Wir wollen sie ja schließlich begraben.«

»Willst du sie nicht einfach in die Mülltonne schmeißen?«

»Aber die arme Ratte. Jetzt musste sie schon so grausam sterben, da muss man sie doch wenigstens anständig begraben.«

Juna war nicht nur mutig, sondern schien auch keine Ekelgefühle zu kennen. Bestimmt könnte sie auch Leichen aufschneiden, so wie diese Ärzte im Fernsehen. Jetzt ging sie zur Plastikmülltonne und holte einen leeren Joghurtbecher heraus. Damit kniete sie sich hin und buddelte ein Loch neben dem verkrüppelten Buchsbaum. Ich schaute ihr schweigend zu.

»Was war das da unten?«, fragte mich Juna schließlich. Die tote Ratte lag neben ihr auf dem Papier.

»Also, eigentlich sahen die Monster da unten aus wie das, das ich neulich oben in ihrer Wohnung gesehen habe.«

»Ich hab's befürchtet.«

»Wenn sie ... wenn sie Herrscherin über solche Monster ist«, überlegte ich laut, »dann ist sie vielleicht doch eine Hexe.«

Juna buddelte, ohne zu antworten, weiter.

»Wie tief soll das denn noch werden?«, fragte ich ungeduldig. Warum antwortete sie nicht?

»Ein Grab muss mindestens 90 Zentimeter tief sein«, erklärte Juna stattdessen. »Wenn nicht sogar zwei Meter.«

»Für Ratten auch?«

»Gerade für die. Sie übertragen schließlich die Pest.«

»Aber die Pest ...« Ich wusste bloß, dass die Pest eine schreckliche Krankheit im Mittelalter gewesen war.

»Die Pest gibt es immer noch«, sagte Juna. »Wir müssen nachher eben Hände waschen.«

Inzwischen war Juna auf Stein gestoßen.

»Da kommt man nicht durch«, gab sie bekannt. »Vermutlich Überreste der Römer. Oder ein Bunker. Hm, na ja, diese Tiefe reicht auch.« Sie nahm die Ratte im Papier und kippte sie in das Loch, dann schaufelte sie alles wieder zu.

»Was macht ihr da?«, fragte jemand hinter uns. Natürlich war es die Golawski. Mich schüttelte es wie bei großer Kälte.

»N-Nichts«, stammelte ich. Vielleicht verzauberte sie einfach alle Menschen, die sie nicht mochte, in Monster und hielt sie im Keller gefangen.

»Wir lockern die Erde«, sagte Juna.

»Das ist nicht schlecht. Ist ja so trocken hier wie in der Atacama-Wüste. Hm, na ja, ein kleiner Vorgeschmack, wie es mal wird. In Zukunft.«

»Man muss dann halt gießen«, sagte Juna.

»Kleine Madam, das sagt sich so leicht. Und woher soll das Wasser kommen, wenn es nicht regnet?«

Juna antwortete nicht und strich die Erde glatt. Die Golawski ging kopfschüttelnd zur Biotonne und öffnete sie. Tausende von Fliegen flogen ihr entgegen.

»Und die Malaria wird kommen«, fuhr sie fort. »Genau wie die Schlafkrankheit und jede Menge anderer, neuer Viren. Die entstehen nämlich ständig.«

Dann schloss sie den Deckel der Tonne, stampfte, ohne noch etwas hinzuzufügen, durch den Hof und verschwand im Treppenhaus.

»Siehst du«, sagte Juna. »Die Pest ist unser geringstes Problem.«

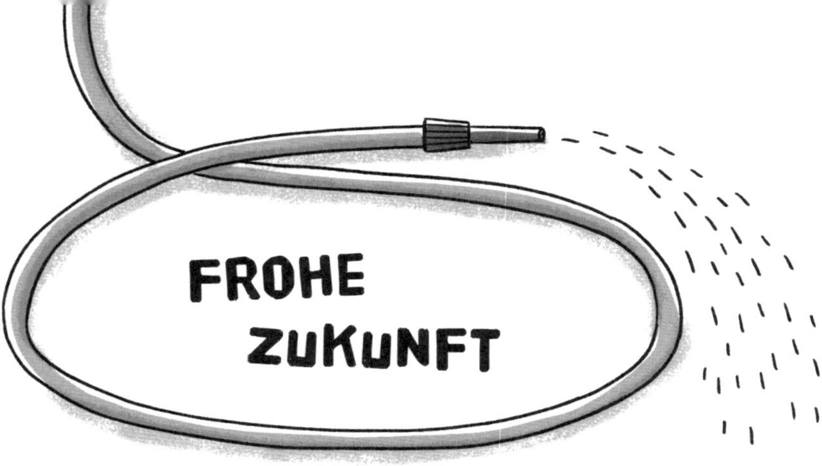

FROHE ZUKUNFT

Die Golawski trägt lauter Zeug raus«, sagte Juna, als ich am nächsten Tag vom Hort heimkam und meine Wohnungstür aufschließen wollte. Sie hatte mich bereits erwartet.

Sie *trägt*, dachte ich. Das würde massiv gegen die Hexentheorie sprechen.

»Sie hat vorhin fünf verschnürte Pakete rausgeschleppt, als ich von der Schule heimgekommen bin.«

Ich dachte sofort an das Paket, das ich oben abgegeben hatte.

»So etwa?«, fragte ich und zeigte mit den Händen die Größe.

»Nein, nein, ganz anders. Es waren riesige längliche Dinger, die in Decken gehüllt und mit Schnur umwickelt waren. Sie waren ganz schön sperrig.«

»Und wohin hat sie die Sachen gebracht?«

»In einen kleinen Lieferwagen. Als alles verladen war, ist sie weggefahren.«

»Wohin?«

»Keine Ahnung. Aber weißt du, was ich noch herausgefunden habe? Das Kellerabteil ist komplett leer geräumt.«

»Du warst doch nicht etwa noch mal unten? Bist du verrückt?«

»Nein, bin ich nicht. Und wie gesagt: Der Keller ist leer und die Monster sind weg. Falls es je welche waren. Vielleicht waren es ja bloß Figuren.«

»Figuren?«

»Ja, Figuren oder Puppen. Aus Holz oder so.«

»Ich wusste gar nicht, dass die Golawski ein Lieferauto hat«, sagte ich.

»Vielleicht ein Leihauto ... hm, ich würde zu gern wissen, wohin sie diese verschnürten Pakete fährt. Sie ist jedenfalls in diese Richtung davongefahren.« Juna zeigte nach links. Die Straße führte aus der Stadt heraus.

»Aber hör mal, das spricht doch jetzt total dagegen, dass sie eine Hexe ist. Sie müsste diese Pakete nicht schleppen und mit dem Lieferauto wegbringen.«

»Sie tarnt sich. Vielleicht hat sie auch den alten Schröder tot gehext. Oder verwandelt. In eine Monsterpuppe aus Holz. Vielleicht verhext sie das ganze Haus. Sie sagt doch immer, dass wir alle am Weltuntergang schuld sind.«

Ich schüttelte den Kopf. »Sie ist frustriert, sagt meine Mutter. Weil sie allein ist. Deswegen hasst sie alle, die nicht allein sind.«

»Mama, gibt es Hexen?«, fragte ich abends.

Mama lachte. »In Märchen oder bei *Harry Potter* ja, sonst nicht.«

»Juna sagt, die Golawski wäre eine Hexe.«

Mama lachte wieder. »Wenn man eigenartige Frauen als Hexen bezeichnen mag … hm, aber das ist ganz schön frauenfeindlich.« Sie hielt zwei Zucchini in die Höhe und zeigte auf einen Kübel Mirabellen.

»Von der Golawski übrigens. Aus ihrem Garten.«

»War sie da heute?«

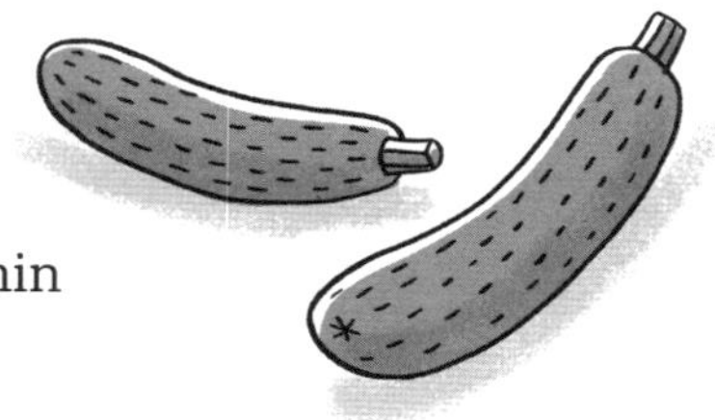

»Ja, sie hat sich dafür sogar extra ein Auto geliehen. Sie musste ein paar Sachen dorthin transportieren.«

»Ein paar Sachen?«

»Ja, Geräte, glaub ich.«

»Und wo ist ihr Garten?«

Mama deutete in Richtung stadtauswärts. »In der Kleingartenkolonie *Frohe Zukunft*.«

»Frohe Zukunft?«

»Ja, so Anlagen haben öfter mal eigenartige Namen.«

Ich schielte auf die Mirabellen. Die Golawski und *Frohe Zukunft* waren eigentlich ein Gegensatzpaar. Vielleicht waren die Mirabellen ja verhext.

»Wo genau ist denn dieser Schrebergarten?«, wollte ich wissen.

»Irgendwo da draußen.«

»Ah, da draußen. Und wo genau?«

»Was willst du wissen? Den Breitengrad, oder was?« Mama lachte.

»Ach, ist nicht so wichtig.«

Später läutete ich noch mal bei Juna. In der Wohnung roch es nach Ketchup. Der Fernseher lief und Astrid saß auf dem Sofa, die Füße in einer alten rosa Babybadewanne.

»Anders hält man es ja nicht aus«, sagte sie.

Juna gähnte. Sie trug eine Schlabberhose, auf der Rentiere zwischen schneebedeckten Tannen trabten.

Ich sagte: »Du, ich weiß, wo die Golawski hingefahren ist: in ihren Schrebergarten.«

»Ach, tatsächlich?« Sie warf einen Blick auf ihre Mutter, die gebannt das Geschehen im Fernseher verfolgte. »Komm, wir gehen in mein Zimmer.«

Junas Zimmer war von oben bis unten vollgestopft mit den seltsamsten Dingen, dazu gehörten Schneekugeln, Transformer, Zauberwürfel, eine völlig unüberschaubare Menge an Stofftieren und eine Vitrine voller Schlümpfe.

»Sie hat einen Schrebergarten?«, fragte Juna. »Spannend. Woher weißt du das?«

»Die Golawski hat uns Zucchini und Mirabellen mitgebracht. Sie hat sich ein Auto gemietet, um etwas in den Garten zu transportieren, meinte Mama. Wir könnten ja mal im Internet nach der Adresse des Gartens suchen.«

»Gut«, sagte Juna und gab mir ihr Handy. Dann warf sie sich auf ihr Bett und schloss die Augen.

Ehrlich gesagt war ich ein bisschen enttäuscht, dass sie nicht in totales Jubelgeschrei über die Neuigkeiten ausgebrochen war, die ich ihr erzählt hatte. Aber sie lag nur da und schnaufte. Das Schnaufen nervte mich. Außerdem kam ich nicht ins Internet.

»Habt ihr ein anderes WLAN-Passwort?«, fragte ich.

Eigentlich war das Passwort immer *juna*. Wenn es das nicht war, konnte man es mit *juan*, *nuja* oder *janu* probieren. Ich hatte ausgerechnet, dass es insgesamt nur 24 Möglichkeiten gab, die Buchstaben ihres Namens anzuordnen, aber das wusste Junas Mum offenbar nicht.

»Oh«, sagte Juna und linste durch ihre halb geöffneten Augen. »Ich hab's befürchtet. Mum hat es geändert. Probier's mal mit *dirtsa*.«

»Astrid rückwärts? Geht auch nicht.«

»Sie ist in letzter Zeit fantasievoller geworden.«

»Warum ändert sie es überhaupt?«

»Sie denkt, ich könnte verblöden, wenn ich zu viel im Internet bin.«

»Ach so. Ja, das denkt meine Mama auch. Deswegen darf ich gar kein Handy haben.«

»Das kann ich ja noch verstehen, weil das wenigstens Logik hat. Aber meine Mum ist so chaotisch. Mal hat sie ein Passwort, das ich sofort knacke, dann hat sie ein so schwieriges, dass sie es selber vergisst und das ich wieder herausfinden muss. Oder ihr ist es ganz egal, dann kann ich wochenlang rein. Man versteht sie einfach nicht. Und seit einer Woche gibt es nur Spaghetti mit Ketchup.«

Juna hatte sich aufgesetzt und sah mir zu, wie ich weiter die verschiedensten Möglichkeiten durchprobierte, die Buchstaben a-s-t-r-i-d aneinanderzureihen. Dunkel ahnte ich, dass es bei Weitem mehr als 24 Möglichkeiten gab. Doch schließlich war es einfach *Astrid*, ganz ohne Verdrehungen. Nein, wirklich fantasievoller war Astrid nicht geworden.

»Das ist gar nicht weit«, sagte ich, nachdem ich ein Weilchen nach der Schrebergartenkolonie gesucht hatte.

»Wohin?«

»In die *Frohe Zukunft*.«

»Wohin?«

»*Frohe Zukunft*. So heißt die Kolonie.«

»Hä? Kolonie?«

»Die Schrebergartenanlage. Die heißen oft so komisch.«

Juna schüttelte sich. Auf einen Schlag wirkte sie putzmunter. »*Frohe Zukunft, Frohe Zukunft*. Ich kenn den Namen irgendwoher – und zwar, weil ich ihn neulich gelesen habe.«

»Wo denn?«

»Irgendwo. Wart ... Ja, ich hab's! In der Papiertonne. Komm mit!«

Juna sprang auf, schlüpfte in ihre Flipflops und rannte aus dem Zimmer. Ich folgte ihr nach unten in den Hof. Dort öffnete Juna den Deckel der Papiertonne und wühlte darin herum.

»Mist. Da liegt schon so viel drauf.«

Sie begann, die Tonne Schicht für Schicht auszuräumen. Rasch türmte sich im Hof ein Berg aus alten Zeitungen, Kopierpapier und Pappe.

»Was suchst du denn genau?«, wollte ich wissen.

»Diesen Zettel. Auf dem *Frohe Zukunft* stand.«

»Wie sah er denn aus?«

»Normal. Weiß. Wie ein Zettel eben.«

Das erschwerte die Suche natürlich.

»Er war zerrissen«, fügte Juna hinzu.

»Wie groß?«

»So groß.« Juna formte mit den Händen eine Form, die etwa Postkartengröße hatte. »Ich glaube, er ist eher weiter unten.«

Sie hatte inzwischen über die Hälfte der Tonne leer geräumt und war in die Tonne hineingeklettert, um an die tiefer liegenden Schichten zu gelangen. Immer wieder reichte sie mir neue Packen Papier, die ich durchzusehen hatte. Mir kam die Suche sehr vergeblich vor.

»Wozu brauchen wir diesen Zettel eigentlich?«, fragte ich.

»Es steht was drauf. Und ich will wissen, was genau außer *Frohe Zukunft*.«

Jetzt war die Tonne leer. Alles lag im Hof auf dem Boden. Wenn jetzt die Golawski kam!

»Wir müssen alles noch mal durchsehen«, sagte Juna, stieg aus der Tonne und fing an, alles noch einmal zu sortieren.

»Da ist er!«, rief Juna. Triumphierend wedelte sie mit einem zerrissenen Stück Papier.

Der Zettel war eine Art Wegbeschreibung in Form einer Karte. Darunter stand: *Vortrag in der Kleingartenkolonie »Frohe Zukunft«*

Die Rückseite zeigte den unteren Teil eines verschwommenes Schwarz-Weiß-Fotos:

»Ja! Ich wusste es!«, rief Juna.

Ich war wirklich verblüfft. Ich hätte diesen Zettel nie bemerkt oder gelesen, was draufstand – und gemerkt hätte ich es mir sowieso nicht.

»Aber hat die Golawski was mit diesem Vortrag zu tun?«, fragte ich. »Das kann doch Zufall sein.«

»Nein, das ist kein Zufall! Hm, aber müsste es zu dem Zettel nicht noch einen anderen Teil geben?«, fragte sie.

»O nein! Nicht noch mal alles durchsuchen!«

»Das ist wichtig!«

Ich wusste nicht, wofür dieser Zettel wichtig war. Es war ein Zettel, auf dem ein Wort stand, das zufälligerweise der Name einer Kleingartenkolonie am Stadtrand war. Aber Juna durchsuchte noch mal alles.

»OMG!«, rief Astrid von oben. Sie steckte ihren Kopf aus dem Fenster. »Was tust du da, Juna?«

»Ich such nur was!«

»Aber räum das bloß wieder auf.«

»Jahaaa!«

Juna hockte ein wenig unschlüssig am Boden und betrachtete ihren Fund. »Vielleicht ist der Rest des Zettels ja gar nicht in der Tonne.«

»Ja, das glaub ich auch.«

Juna rümpfte die Nase. Dann fing sie an, langsam alles, Blatt für Blatt und Pappe für Pappe, in die Tonne zurückzuwerfen.

Ich half ihr, aber wir brauchten ewig, weil Juna jedes Stück Papier noch einmal drehte und wendete.

»Moritz!«, rief Mama von oben. »Du musst mal langsam ins Bett!«

»Jahaaa!«

Juna winkte nach oben.

Dann sagte sie: »Du kannst ruhig gehen. Ich mach das allein. Vielleicht find ich ja doch noch was.«

Also ging ich. Beim Zähneputzen schaute ich noch mal aus dem Fenster. Langsam dämmerte es und Juna hockte immer noch im Hof.

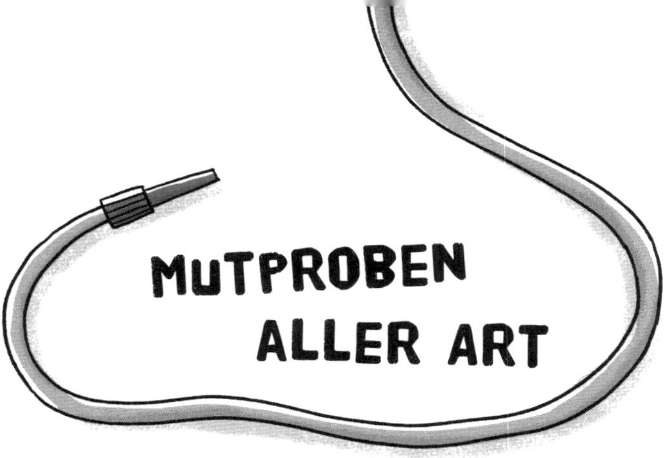

MUTPROBEN ALLER ART

Am nächsten Tag kam Dennis vor der Schule zu mir und sagte: »Darf ich Sachkunde von dir abschreiben?«

Eigentlich hatten wir in Sachkunde nie Hausaufgaben, aber weil alle so laut gewesen waren, hatten wir es im Unterricht nicht geschafft, das Arbeitsblatt über das Wasserwerk auszufüllen. Also hatten wir zu Hause den Text dazu lesen und das Bild richtig beschriften sollen.

Ich gab Dennis mein Arbeitsblatt und er zog einen völlig verknitterten Zettel aus der Schultasche.

»Was soll denn das sein, eine ›Befühlungsanlage‹?«

»Belüftung«, sagte ich. »Das ist die Belüftungsanlage und das da die Schnellfilteranlage.«

»Woher soll man das denn wissen?«

»Es steht im Text«, sagte ich.

»Ja, Mann, das weiß ich selbst. Aber Frau Fähnlein ist so eine blöde Kuh. Wir waren gar nicht laut.«

»Nein, waren wir nicht«, pflichtete ich ihm bei, auch wenn es nicht stimmte. Wir waren sehr, sehr, sehr laut gewesen und am Ende hatte Dennis Tims Mäppchen aus dem Fenster geschmissen, weil der ihm nicht sein Geodreieck leihen wollte.

»Und das?«, fragte er und zeigte auf ein Becken, das auf dem Blatt abgebildet war.

»Das ist das Reaktionsbecken.«

»Wie schreibt man das?«

Ich buchstabierte und Dennis kritzelte die Wörter hastig hin. Zwei Minuten vor Schulbeginn waren wir fertig. Wir liefen ins Klassenzimmer und der Unterricht begann.

»So, da bin ich mal gespannt, wer das Arbeitsblatt zu Hause ausgefüllt hat. Tim?«

»Äh, war das echt auf?«

»Na, schau mal in dein Hausaufgabenheft.«

Tim holte sein Aufgabenheft heraus. »Da steht nichts.«

Frau Fähnlein runzelte die Stirn.

»Sie haben es uns nicht an die Tafel geschrieben«, sagte Tim.

»Ja, das stimmt«, sagte Anna-Lynn.

Frau Fähnlein ging nicht darauf ein, sondern wandte sich wieder der Klasse zu. Dennis meldete sich.

»Dennis?«

»Ich wollte es nur vorlesen.«

»Ja, prima, Dennis. Dann lies mal vor.«

Dennis las die Begriffe vor und Frau Fähnlein war begeistert.

»Super, Dennis, schön gemacht.«

Dennis grinste stolz.

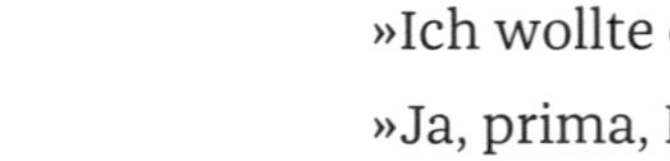

Beim Mittagessen hatte ich das Glück, neben Odette zu sitzen. Plötzlich rief die Horterzieherin: »Odette, deine Mama ist da! Eine gute Idee, Frau Schmidt-Coulibaly, heute ins Schwimmbad zu gehen. Viel Spaß!«

»Heißt deine Mutter echt Coulibaly?«, fragte ich Odette, als sie ihre Sachen packte.

Odette rümpfte ihre Nase: »Nein, sie heißt *Schmidt*-Coulibaly.«

»Coulibaly«, murmelte ich.

»Was ist?«, fuhr sie mich an. »Das ist ein ganz normaler Name.«

»Ja, klar«, sagte ich.

»Und jetzt frag nicht, woher meine Mutter kommt. Sie ist nämlich aus Düsseldorf.«

»Ja, nee, das frag ich ja gar nicht. Ich kenn bloß einen, der heißt auch so, also Coulibaly.«

»Das glaubst du doch selber nicht.«

»Doch. Der heißt Dr. Claude Coulibaly.«

Natürlich sprach ich Claude »Klau-de« aus.

»Klau-de, haha, das heißt Klood. Ist nämlich Französisch. Und du behauptest, du würdest ihn kennen?«

»Na ja, nicht direkt ...«

»Er ist zufällig mein Onkel und Professor an der Universität.«

»Echt? Das ... ist ja ... unmögl... äh ... unglaublich krass.«

»Moritz, gib's einfach auf«, sagte sie und verschränkte ihre Arme.

»Was?«

»Na, alles. Du bist einfach nicht cool.«

Und mit diesen Worten ging sie davon.

Kaum war sie weg, kam Dennis auf mich zu. »So, wir gehen.«

»Wohin?«

»Ein weiterer Test.«

»Noch einer?«

»Ja, ist nötig.

»Aber …«

»Nichts aber. Komm mit.«

Er steckte unsere Namenskärtchen auf »Schulgarten«, wir überquerten den Hof und betraten das Gartengelände. Dazu musste man über eine Gartentür klettern, aber das war nicht schwierig.

»Diese Sonnenblumen werden nie was«, sagte Dennis, lachte und zeigte auf ein Exemplar der Sorte *King Kong*, das bei guter Pflege bis zu vier Meter hoch werden kann. Obwohl wir vorher mit Frau Fähnlein gegossen hatten, ließ es schon wieder ein bisschen die Blätter hängen.

»Komm, wir gießen sie.« Dennis stellte sich neben eine der Pflanzen und pullerte hin, doch die gelbliche Flüssigkeit perlte vom staubtrockenen Boden nur ab.

»Los, du auch.«

»Ich muss nicht.«

»Man muss immer.«

»Ist das der letzte Test?«

»Nein, das ist nur zum Warmwerden.«

»Eigentlich ist mir schon warm.«

Dennis lachte. Vielleicht fand er meinen Witz sogar lustig.

»Na gut. Komm hinter den Schuppen.«

Hinter dem Geräteschuppen lagen ein paar Paletten. Dennis setzte sich. Dann holte er aus seiner Hosentasche ein kleines Gerät.

»Setz dich.« Er schaltete das Gerät an, saugte am Mundstück und blies mir den Rauch ins Gesicht. Dann hielt er es mir hin.

»Schon mal gedampft?«

»Nee.«

»Na, dann mal los.«

»Was muss ich denn tun?«

»Saugen. Es ist ganz einfach.«

Also saugte ich. Aber nur kurz, denn ich bekam sofort einen Hustenanfall.

»Wääääh!«, sagte ich, nachdem ich fertig gehustet hatte. Ich wollte Dennis das Gerät zurückgeben.

»Das war nicht ordentlich gedampft. Du musst dran ziehen, den Dampf einatmen und dann richtig ausatmen, sonst zählt das nicht.«

In meinem Bauch grummelte es, ich hatte einen bitteren Geschmack im Mund, obwohl das Ganze nach Zimt und Nelken schmeckte, eigentlich ein bisschen wie Lebkuchen. Ich schloss die Augen und saugte noch mal. Wieder musste ich husten, aber nicht ganz so schlimm.

»Also, ganz zufrieden bin ich nicht«, sagte Dennis.

Ich nickte. Mir war auf einmal kotzübel.

Dennis stand auf. Als auch ich aufstehen wollte, wurde mir schwindlig und ich übergab mich auf den Boden. Auch Dennis' Schuhe bekamen was ab.

»Ey, bist du völlig beknackt?«, schrie Dennis und sprang von einem Fuß auf den anderen. Meine Aufnahme rückte in weite Ferne, und es kam noch ein Schwall. Diesmal traf ich immerhin nur eine verblühte Mohnblume und ich überlegte, ob man mit Kotze gießen konnte.

»Bäh«, machte ich, spuckte noch mal aus und räusperte mich. Ich richtete mich auf. Der Schwindel war weg und schlecht war mir auch nicht mehr sehr.

»Boah, Moritz, das war jetzt echt voll eklig!« Dennis zog mit spitzen Fingern seine Schuhe aus und warf sie mir hin. »Die machst du sauber.« Damit ließ er mich stehen und stapfte mit seinen Lochsocken davon.

Der Wasserhahn war im Schuppen und der Schuppen war abgesperrt. Ich warf einen Blick in die Regentonne, aber die war leer. Vielleicht vertrocknet die Kotze einfach, dachte ich, nahm Dennis' Schuhe, kletterte über die Gartentür und schlich mich in die Hortklos. Dort reinigte ich Dennis' Schuhe, so gut es ging, ohne sie total nass zu machen.

Als ich herauskam, stand da schon Dennis. »Sind sie sauber?«

Ich nickte.

»Die sind ja nass.«

»Ging nicht anders.«

»Moritz, Moritz«, sagte Dennis, »du musst echt noch viel lernen.«

Ich stimmte ihm zu.

Juna wartete schon unten im Hausflur auf mich. Sie trug einen pinkfarbenen Fahrradhelm.

»Du bist ja ganz blass«, sagte sie.

»Mir geht's gut«, entgegnete ich. »Was hast du vor?«

»Wir fahren in die Zukunft.«

»Jetzt?«

»Ja, und ohne Zeitmaschine.« Sie lachte über ihren eigenen Witz. »Einfach in diese Gartenanlage.«

»Ach so. *Frohe Zukunft*. Aber ich muss Mama fragen, ob ich allein Fahrrad fahren darf.«

»Ich darf überallhin fahren, ohne zu fragen, seit ich die Fahrradprüfung gemacht habe. Meine Mum findet, ich sei jetzt groß.«

»Coole Mutter«, sagte ich und rannte nach oben.

Mama, die schon von ihrer Schicht zurück war, war einverstanden.

»Aber fahrt vorsichtig!«, rief sie mir nach, und ich hatte ein schlechtes Gewissen, weil ich ihr erzählt hatte, wir würden nur ein bisschen im Park radeln. Den drei Kilometer langen Weg in die *Frohe Zukunft* entlang der großen Straße zu fahren, hätte sie mir nie im Leben erlaubt.

Wir fuhren los. Junas Fahrrad klapperte, aber sie raste wie blöd. Mit verbissenem Gesicht gab sie bei jeder grünen Ampel Vollgas und schnitt hilflose Omas und gestresste Kinderwagenmamas. Ich kam kaum hinterher. Woher sie den Weg so genau kannte, wusste ich nicht. Schließlich gelangten wir in eine weniger befahrene Straße. Am Rand standen kleine Einfamilienhäuser, dahinter Bäume. Juna drosselte ihr Tempo etwas.

»Gleich sind wir da. Nächste links.«

»Woher kennst du dich so gut aus?«

»Hab den Weg auswendig gelernt.«

Wir bogen ab und fuhren bis zum Ende der Straße. Sie hörte einfach an einem Gebüsch auf und ging weiter als Trampelpfad.

»Bis hierhin war die Karte passabel. Ab jetzt wird's schwierig.« Juna schaute sich um. »Am besten, wir stellen die Räder ab«, befahl sie und ich tat, was sie sagte. Dann folgten wir dem Pfad, der zu einer freien Fläche führte, auf der ein Schild stand.

**WILLKOMMEN IN DER
FROHEN ZUKUNFT!**

Von hier führten Schotterwege mit tiefen Schlaglöchern in vier Richtungen. Sehr zukünftig sahen die Wege nicht aus. Sie führten in die Zukünfte eins bis vier.

»In welche Zukunft müssen wir?«

Juna holte den Zettel mit der Wegbeschreibung heraus.

»Ich glaube, Nummer vier. Da rein.«

Wie in Schrebergärten üblich, flatterte in einigen Grundstücken die Deutschlandfahne, aber in manchen waren auch andere Flaggen gehisst: eine Regenbogenfahne, eine vom FC Bayern und eine von Dänemark.

»Ich glaube, das zehnte Grundstück«, sagte Juna mit Blick auf die Karte.

Der Weg war schnurgerade und führte an Liguster- und Thujahecken vorbei. Hin und wieder waren Autos am Wegrand geparkt. Wir näherten uns dem zehnten Grundstück.

Plötzlich hörten wir ein Trommeln. Ich erschrak, denn es war sehr still gewesen in der Kolonie. Nicht einmal ein Vogel hatte gezwitschert. Und dann diese lauten Schläge!

Außerdem klang das Getrommel wie das in der Wohnung der Golawski. Ja, da war ich mir ganz sicher. Jetzt kamen dieselben merkwürdigen Schreie dazu. Wir duckten uns hinter einen Holunderbusch. Plötzlich flitzte in etwa zehn Metern Entfernung ein haariges Wesen an uns vorbei.

Ich schrie vor Schreck auf, Juna machte: »Pssst!«

»Wie in der Wohnung«, flüsterte ich.

»Echt? Komm, wir schleichen ein Stück vor!«

»N-Nein, ich bleib lieber hier.«

»Schisser. Dann geh ich allein.«

Also ging ich mit. Wir schlichen gebückt am Zaun entlang. Das Trommeln wurde lauter, je näher wir kamen. Schließlich

hatten wir das Grundstück erreicht, an dem eine rot-grüne Fahne mit einem gelben Stern in der Mitte gehisst war und aus dem das Trommeln kam. Juna lugte über die Hecke, die das Grundstück umgab.

»Alteeeeer!«, murmelte sie.

Auch ich streckte meinen Kopf über die Hecke, aber nur sehr, sehr kurz, denn das, was ich sah, war zu gruselig. Drei oder vier zottelige Wesen mit schrecklichen Fratzen sprangen im Rhythmus zu den Trommeln im dürren Gras herum, dass es staubte. Die Augen waren untertassengroß, mit weißen und schwarzen Kreisen umrandet wie der Mund, einem finsteren Loch, wie die Monster im Keller. Manche der Gestalten hatten über dem Kopf eine Art Aufbau, der über einen Meter in die Höhe ragte und in Hörnern endete.

»Was zur Hölle ist das?«

Ich schüttelte nur den Kopf.

Jetzt wurde das Trommeln lauter und aus dem gegenüberliegenden Grundstück querten noch drei Zottelwesen den Weg. Sie kamen direkt auf uns zu und schüttelten sich und stampften. Das Trommeln wurde lauter. Eine der Gestalten mit lila Zotteln blieb direkt vor uns stehen und ein lautes Lachen drang daraus hervor. Das Wesen mit dem schwarz-weißen Gesicht und dem düsteren Mundloch baute sich vor mir auf, gleich würde es mich verschlingen, so kam mir das vor. Ich blieb wie erstarrt stehen. Juna kauerte hinter mir. Sie krallte ihre Finger in meine Schultern.

Dann war von weiter drüben ein Lachen zu hören und das Wesen wandte sich um, wobei es mit seinen Zotteln meine Beine berührte. Es brüllte, stampfte von uns weg auf das Gartentor zu und verschwand mit den zwei anderen Monstern hinter der Hecke im Garten.

Mein Mund war trocken. »Bloß weg hier.«

Auch Juna wirkte ein wenig eingeschüchtert. »Ja, lass uns gehen.«

»Rennen.«

»Okay, rennen.«

Wir rannten den Weg zurück, aber schon nach wenigen Schritten waren meine Beine schwer und die staubige Luft brannte in meiner Lunge. Ich schaute mich um, ob sie hinter uns herkamen, doch niemand war uns gefolgt. Ich blieb kurz stehen, um nach Luft zu schnappen.

»Los, weiter!«, kommandierte Juna.

Wir rannten weiter, bis wir das Tor zu der Kleingartenanlage erreicht hatten.

»Sie hat die Monster freigelassen«, japste ich.

Da standen zum Glück unsere Fahrräder und wir radelten davon, bis wir uns in einem sicheren Abstand zu den Monstern wähnten.

GEIST MIT SNEAKERS

Schweißgebadet saßen wir in Junas Zimmer.

»Es hat 30,7 Grad in der Wohnung«, stellte ich mit einem Blick aufs Thermometer fest.

»Mama wollte eigentlich einen Ventilator kaufen«, antwortete Juna. »Aber sie sagt, sie hätte kein Geld.«

»Sind Ventilatoren denn so teuer?«

»Nein, aber sie hat nie Geld für Wichtiges, nur für Quatsch. Stell dir vor, sie gibt es allen Ernstes für Schlümpfe aus.« Juna zeigte auf die Vitrine an der Wand.

»Ach, das sind ihre?«

»Ja, denkst du, ich sammle Schlümpfe?«

»Ich denke gar nichts«, sagte ich.

Juna nahm ein Blatt vom Schreibtisch und malte mit einem schwarzen Stift eine Art Gesicht.

»So ähnlich haben die ausgesehen, oder?«, fragte sie und hielt mir das Blatt hin.

Ich betrachtete die Zeichnung: die tellerartigen Augen, die eigenartige, nach unten gebogene Nase, die Muster an den Wangen und das schwarze, runde Mundloch.

»Ja, so ähnlich.«

Juna zeichnete nun die Zotteln und dann die Verlängerung über dem eigentlichen Gesicht mit dem hörnerartigen Ende.

»Also, meiner Meinung nach sind das Masken«, sagte sie.

»Masken?«

»Ja, was denn sonst? Meinst du, jemand sieht wirklich so aus?«

»Ei-Ein G-Geist vielleicht schon.«

»Also ich stell mir Geister anders vor.«

»Wie denn?«

»Unheimlicher.«

»Das war unheimlich.«

»Nein, nicht wirklich.«

Ich war empört. Juna hatte mir mit ihren Fingernägeln vor Angst richtige Löcher in die Schultern gekrallt.

»Ich meine, klar bin ich erschrocken. Trotzdem. Geister sind anders.«

»Wie denn? Woher weißt du das?«

»Sie sind durchsichtiger … und tragen keine Sneakers.«

»Warum denn nicht?«

Juna sah mich an, als sei ich wirklich der dümmste Mensch auf der Welt, dann widmete sie sich wieder ihrer Zeichnung und versuchte, die Muster im Gesicht nachzuzeichnen.

»Ich frag mich bloß«, sagte sie, als sie mit den Mustern fertig war, »ob auch die Golawski hinter einer der Masken war? Diese weißen Schuhe waren doch mindestens Größe 48.« Ja, diese Schuhe hatte die Gestalt getragen, die auf uns zugekommen war. Juna fuhr fort: »Allein an den Schuhen sieht man doch, dass da Menschen drinstecken. Ein Geist würde niemals solche nigelnagelneuen High-End-Protzsneakers tragen.«

»Echt?«

»Nein. Niemals. Geister tragen höchstens, wenn überhaupt, löchrige, spitze Lederschnürstiefel. Aber dumm, dass ich nichts fotografiert habe.«

»Wahrscheinlich kann man Geister gar nicht fotografieren«, mutmaßte ich. »Das ist bestimmt wie mit Vampiren.«

»Es sind ja keine Geister.«

So kamen wir nicht weiter. Das merkte auch Juna.

»Was war das eigentlich für eine Fahne?«, fragte sie nun. »Die war doch irgendwie rot und grün.«

»Ja, und in der Mitte ein gelber Stern.«

»Ist das eine Fußballfahne?«

»Nein, nein.« Mit Fußballfahnen kannte ich mich aus. »Eher eine Landesfahne.«

»Dann lass uns das mal im Internet nachschauen.«

Ich gab »rot-grüne Fahne« ein und scrollte mich durch die Ergebnisse. »Hier. Rot-grün mit gelbem Stern in der Mitte. Das ist die Fahne von Burkina Faso.«

»Nie gehört.«

»Das ist ein Land. Liegt in Westafrika und grenzt an Niger, Mali, Togo ...«

»Ja, ja, schon gut. Also: Auf einem Grundstück, auf dem die Fahne von Burkina Faso gehisst ist, werden seltsame Tänze aufgeführt. Such mal ›Tänze in Burkina Faso‹!«

Ich tippte die Begriffe rasch ein.

»Treffer!«, rief ich. »Das sind sie!« Ich zeigte Juna ein Foto, das genau so ein Wesen zeigte, wie wir sie am Nachmittag gesehen hatten.

Ich las gleich die Beschreibung zu dem Bild und war erleichtert. Keine Geister! Für das ganze Spektakel, das wir gesehen hatten, gab es also wirklich eine natürliche Begründung. »Man macht dort solche Tänze mit den Masken«, sagte ich und überflog den Text, »um ... hm, interessant ... um Regen heraufzubeschwören.«

Juna antwortete nicht darauf, sondern war ganz in ihre Zeichnung vertieft.

»Klau-de wird übrigens Klood ausgesprochen«, sagte ich, weil ich plötzlich an den Zettel mit der Ankündigung zum Vortrag denken musste.

»Klood, was für ein Klood?«

»Dr. Claude Coulibaly. Der vom Zettel. Er ist Professor an der Universität und Odettes Onkel.«

»Das ist ja mal interessant. Aber wer ist Odette?«

»Odette Schmidt. Geht in meine Klasse.«

»Und die ist verwandt mit diesem Mann?«, fragte Juna. Sie hatte den Zettel hervorgeholt und deutete auf den Fuß.

»Ob es der ist, weiß ich natürlich nicht. Es könnte natürlich mehrere Claude Coulibalys geben. Aber sie sagt, ein Claude Coulibaly sei ihr Onkel.«

»Lass uns den mal im Internet suchen.«

Das taten wir: Es gab viele Coulibalys, vor allem Fußballspieler, aber tatsächlich einen, der nicht Fußball spielte, sondern an der Universität arbeitete.

»Er ist Professor für Biochemie«, sagte ich.

Juna kratzte sich am Kopf. »Also, was wissen wir: Da gibt es die Golawski, die Masken aus Burkina Faso im Keller hat und damit Tänze in ihrem Kleingarten veranstaltet. Dann gibt es einen Dr. Claude Coulibaly, der ausgerechnet dort, wo die Golawski Tänze veranstaltet, einen Vortrag hält. Wo kommt Odettes Familie eigentlich her?«

»Aus Düsseldorf.«

»Das mein ich nicht. Ihre Vorfahren.«

»Keine Ahnung.«

»Vielleicht aus Burkina Faso? Kannst sie ja mal fragen.«

»Nee, lieber nicht.«

»Warum nicht?«

»Es geht halt nicht. Sie findet mich sowieso schon uncool.«

Juna konnte manchmal echt nerven. Sie tippte auf dem Handy herum.

»Dann frag ich halt das Internet. Da, Coulibaly: Familienname aus Westafrika.«

Sie schaute mich an, als hätte sie mir was bewiesen.

Du sollst nicht giessen

Nach dem Abendessen klingelte Juna.

»Die Golawski schleppt wieder diese Pakete herum«, erzählte sie mir aufgeregt.

Ich drängte mich hinter Juna ans Treppenhausfenster. Tatsächlich, die Golawski. Zunächst stellte sie alle Pakete im Hof ab und verschwand im Keller.

»Komm, wir gehen runter und schauen, ob es wirklich die Masken sind.«

»Bestimmt sind sie es«, sagte ich, weil ich keine Lust hatte herumzuspionieren.

»Das ist nicht sicher.« Juna rannte die Treppen runter. Ich folgte ihr langsamer. Unten an der Hoftür blieb Juna stehen und spähte in den Hof.

»Sie ist noch im Keller«, flüsterte sie. »Ich schau schnell die Masken an.«

»Aber wenn sie kommt?«, fragte ich, doch Juna war schon losgelaufen.

Sie tastete die verschnürten Pakete ab und schob die Decke ein Stück weg. Dann nickte sie und rannte wieder zu mir.

»Sie sind es. Aber weißt du, was da noch steht? Eine Riesenfotoausrüstung. Vielleicht ist sie ja Fotografin.«

»Die Golawski?«, fragte ich verblüfft. Nie wäre ich auf die Idee gekommen, sie könnte einen Beruf haben. Die Golawski war eine miesepetrige alte Frau, die man ab und zu im Hof traf, mehr nicht.

»Achtung, sie kommt!«, zischte Juna und wir rannten nach oben.

»Ihr müsst zuverlässiger gießen«, sagte Frau Fähnlein.

»Ich habe gegossen«, sagte Odette.

»Dich meine ich auch nicht. Diejenigen wissen schon Bescheid.« Sie schaute Richtung Tim.

»Ich hab auch gegossen«, sagte Dennis und grinste zu mir rüber.

Jeder von uns hatte an einem bestimmten Tag Gartendienst. Schließlich wollten wir bei dem Wettbewerb gut abschneiden.

»Es wäre wirklich peinlich, wenn wir den Garten nicht rechtzeitig hinbekämen. Meine Kolleginnen lachen schon. ›Frau Fähnlein, wie willst du das mit dieser Klasse schaffen?‹, fragen sie. Eure Klasse, das behaupten sie allen Ernstes, sei die schlimmste, die es jemals an der Schule gab.«

»Stimmt das wirklich?«, fragte Odette entsetzt. Sie war sehr ehrgeizig und wollte immer die Beste sein.

»Also, ich mag euch gern«, sagte Frau Fähnlein. »Aber es wäre echt toll, wenn ihr ein bisschen zuverlässiger gießen würdet.«

»Wir können doch nichts dafür, dass es nie regnet«, sagte Anna-Lynn.

»Nein, dafür könnt ihr nichts«, sagte Frau Fähnlein. »Aber umso mehr muss man gießen. Also, wer ist heute dran?«

»Ich«, sagte ich.

»Prima. Dann ist ja alles in besten Händen.«

Nachmittags sagte ich zur Horterzieherin: »Ich geh den Garten gießen.«

»Gut«, sagte die Erzieherin, gab mir den Schlüssel für den Schuppen und ich steckte mein Kärtchen auf »Schulgarten«.

Die Sonnenblumen, vor allem die *King Kong*, sahen schlecht aus. Eilig schloss ich den Schuppen auf und steckte das Schlauchende an den Wasserhahn.

»Na? Schon wieder fleißig?« Dennis stand in der Tür. Gegen das Licht war er ein großer schwarzer Schatten.

»Was …?«

»Einen letzten Test müsstest du noch bestehen«, unterbrach er mich.

»Was für einen denn?«, fragte ich und versuchte, nicht ängstlich zu klingen.

»Du darfst nicht gießen.«

»Wie?«

»Ganz einfach. Wenn du nicht gießt, bist du aufgenommen.«

»Ich …«

»Das ist doch nun wirklich nicht schwer. Viel leichter als das andere. Du musst gar nichts tun.«

»Aber …«

»Willst du nun aufgenommen werden oder nicht?«

»Doch, doch.«

»Na also. Dann leg den Schlauch hin, sperr wieder zu und komm mit mir rüber in den Hof.«

Mein Herz fing an zu rasen. Trotzdem schien kein Blut im Hirn anzukommen, denn mein Blut war zäh und dick und passte nicht durch die Adern. Nicht gießen und die Pflanzen der unbarmherzigen Sonnenglut überlassen! Auf einmal fühlte ich mich wie die Sonnenblumen, die hier standen und kein Wasser bekamen: ausgeliefert, zum Tode verurteilt. Wieso half ich den armen Pflanzen nicht, wieso tat überhaupt fast niemand auf der Erde etwas für die Pflanzen und Tiere? Das dachte ich, doch ich handelte wie ein programmierter Roboter: Ich tat, was Dennis sagte, drehte den Schlauch ab und schloss den Schuppen wieder ab.

Den Rest des Nachmittags hockte ich auf der Schaukel und starrte in den Sand. Dort lagen ein Bonbonpapierchen, ein Zopfgummi und ein heruntergefallenes Blatt, das Gerippe eines Ahornsamens, ein Zweig und der Deckel einer *Mezzo-Mix*-Flasche. Mit dem Fuß vergrub ich ihn so, dass ich ihn nicht mehr sehen musste.

»Du bist ja noch blasser als gestern«, sagte Juna. Sie saß auf den Stufen im Treppenhaus und spielte am Handy. »Hast du Probleme?«

»Nein. Mir ist nur zu heiß.«

»Ja, ist ja auch heiß.«

»Wollen wir zu dir?«, fragte ich.

»Nein.«

Ich wartete auf eine Erklärung, aber weil sie nicht kam, setzte ich mich auch auf die Stufen.

»Was ist?«, fragte Juna nach einer Weile. »Sonst willst du doch immer spielen.«

»Heute nicht. Wusstest du, dass die Blüte einer Sonnenblume nur eine Scheinblüte ist?«

»Nö.« Juna runzelte die Stirn.

»Stattdessen ist das ein großer Blütenkorb mit bis zu 15 000 Einzelblüten.«

»Du hast also doch Probleme.«

»Wieso?«

»Weil du dumm rumnerdest.« Juna streckte sich. Meine Laune wurde noch schlechter.

»Und was tust du grade? Dumm rumsitzen?«

»Nein. Ich warte.«

»Worauf?«

»Darauf, dass die Golawski geht.«

»Wohin geht?«

»Ist mir egal. Ich warte nur, dass sie fertig ist, im Keller herumzuräumen.«

»Ist sie denn dort?«

»Ja. Und ich will mir diese Masken endlich mal richtig anschauen. Sie ist schon seit anderthalb Stunden da unten. Eigentlich war ich ja vorhin schon im Keller und wollte das Abteil aufsperren, aber da kam sie plötzlich und ich musste mich verstecken.«

»Im Keller?« Mich gruselte. Da lagen bestimmt noch mehr Ratten, und außerdem waren mir diese Zaubermasken nicht geheuer.

»Ja, klar. Erst als sie mal kurz hochging, konnte ich mich wegschleichen. Schau, was ich gefunden hab.« Juna öffnete ihre Brotbüchse. Darin lag ein kleines Skelett, vermutlich das einer Ratte.

»Oh, Juna«, sagte ich und in meinem Bauch fing es zu gurgeln an. »Das ist voll eklig. Aus dieser Dose kannst du doch nie wieder essen!«

»Ach was! Die kommt in die Spülmaschine und fertig.«

»Meinst du? Aber wenn da Pestbakterien dran sind?«

Juna schüttelte den Kopf. »Die sterben ab 40 Grad.«

»Und die Golawski?«, fragte ich. »Ist die immer noch da unten? Was tut sie da?«

»Sie beschwört die Geister ...«, murmelte Juna. Ich war mir nie ganz sicher, ob sie wirklich glaubte, was sie sagte, oder ob sie es nur sagte, um mich zu ärgern, weil sie wusste, wie leicht man mir Angst machen konnte. Ich schwieg.

»Ich hab doch gesagt, sie ist eine Hexe.«

»Juna, jetzt hör endlich mal auf mit diesem Hexenscheiß. Du hast doch auch nicht geglaubt, dass das Geister waren. Du willst doch einfach immer nur recht haben! Aber Hexen gibt es nicht. Und außerdem ist es frauenfeindlich, eine Frau Hexe zu nennen, bloß weil sie ein bisschen eigenartig ist.«

»Und du bist nur ein blöder Langweiler, der immer nur von komischen Sonnenblumen faselt. Fantasie hast du gar keine!«

»Besser, als die ganze Zeit in fremden Kellern rumstöbern. Ich hab echt Besseres zu tun.« Damit stand ich auf.

»Ach, du bist doch einfach nur ein Schisser. Du hast ja sogar

Angst vor einer toten Ratte. Kein Wunder, dass du so ein Loser bist.«

Da riss ich Juna die Brotbüchse aus der Hand, warf das Skelett auf den Boden und trat drauf. Es knackste. Dann ging ich davon.

Ich weiß nicht, warum ich nicht mit Mama über alles redete. Vielleicht, weil ich schon zu tief verstrickt war. Ich hatte geklaut und geraucht, spioniert und gelogen.

»Im Diktat hab ich eine Eins bekommen«, erzählte ich, während Mama das Abendessen herrichtete. Ich wollte nur über gute Dinge sprechen, ich wollte nicht, dass das Böse auch hier eindrang.

»Das ist ja toll«, antwortete sie und strich mir über den Kopf.

Wenn sie wüsste, dachte ich.

»Was wollen wir denn am Wochenende unternehmen?«, fragte sie beim Essen. »Es soll ja weiter heiß bleiben.« Sie schien das zu freuen. Klar, sie hatte frei und wahrscheinlich würden wir an einen See fahren und baden. Aber ich konnte mich nicht freuen, denn ich war in den Klauen von Dennis, und über alles hatte sich ein Giftschleier gelegt.

»Wir könnten Juna mitnehmen«, schlug Mama vor.

»Juna?«

Mama musste das Entsetzen oder die Traurigkeit in meiner Stimme bemerkt haben. »Was ist denn? Habt ihr gestritten? Bist du deswegen so still?«

»Ich bin nicht still.«

»Doch, du bist still.«

»Nein«, sagte ich. »Es ist nur zu heiß.«

Ich konnte lang nicht einschlafen, denn es war eine besonders warme Nacht. Mama versuchte, einen Durchzug herzustellen, doch die Luft stand still wie die Zeit. Ich wälzte mich herum, zerknüllte mein Laken, schaute auf die Uhr, aber die Minuten wollten nicht vergehen. Ich dachte an Dennis, an die Blumen, an die nicht enden wollende Reihe sinnloser Mutproben, die sich Dennis nur ausdachte, um mich zu quälen.

Um 23.45 Uhr hielt ich es nicht mehr im Bett aus. Auf jeder Stelle am Körper war ich schon gelegen, in allen nur vorstellbaren Positionen. Meine Finger waren dicke, heiße Würste und genauso fühlten sich meine Zehen an. Kalte Güsse, dachte ich. Bei Schlafstörungen machte Mama manchmal kalte Güsse.

Also stand ich auf und schlich durch den Gang, wo ich über Ella stolperte und es ziemlich polterte. Ella sprang erschreckt in die Küche.

Das Poltern war schon laut, aber das laufende Wasser im Bad würde noch mehr unnötige Geräusche machen. Ich wollte Mama nicht wecken und hatte eine andere Idee, öffnete leise die Wohnungstür und schlich nach unten. Im Hof gab es nämlich einen Wasserhahn mit einem kurzen Stück Schlauch dran, dort wollte ich mir die Füße abspritzen. Das war viel besser als in der Dusche. Ich tappte über das Pflaster, das angenehm kühl war, und suchte den Weg zum Wasserhahn. Dabei musste ich durch ein Beet, in dem Farne wuchsen und dessen Erde feucht war. Die Golawski goss hier fast täglich. Aus einer Wohnung im Hinterhaus kam Musik, ein paar Schatten bewegten sich im Fenster. Dort fand anscheinend eine Party statt. Ich beneidete die Leute, die konnten feiern und lustig sein. Ich drehte das Wasser an und spritzte mir die Beine nass.

»Nanu, noch auf?«, fragte da jemand hinter mir. Ich fuhr herum.

Es war Astrid, jedenfalls glaubte ich das. Sie trug einen pinkfarbenen Turban und einen seidenen Morgenrock mit gesticktem Drachen. In der Hand hielt sie ein Glas mit roter, zäher Flüssigkeit. Als sie meinen erschrockenen Blick sah, sagte sie: »Das ist kein Blut, nur Tomatensaft. Kalte Güsse helfen übrigens wirklich. Juna konnte auch nicht schlafen, aber nach einer kalten Dusche schläft sie jetzt tief und fest. Was war los?«

»Wie los?«

»Ihr hattet doch Streit. Juna wollte partout nichts erzählen.«

»Eigentlich nichts Wichtiges. Wir haben darüber gestritten, ob die Golawski eine Hexe ist.«

Astrid lachte.

»Ich finde, ihr solltet Frieden schließen. Streit ist doof, vor allem wegen so einer Nebensächlichkeit. Wozu diese Einteilungen? Vielleicht ist sie ja manchmal eine Hexe und manchmal nicht.«

»Wie soll das gehen? Man kann doch auch nicht einen Tag alle Sonnenblumensorten kennen und am anderen nicht.«

»Ach, wer weiß. Vielleicht gibt es Leute, die können Montag, Mittwoch und Freitag rechnen und am Dienstag, Donnerstag und Samstag nicht.«

»Und was ist am Sonntag?«

»Da können sie komponieren.« Astrid fing zu kichern an und auch ich musste lachen. Ich glaube, es war das erste Mal an diesem Tag.

Astrid beugte sich hinunter zu einem der Farne. »Sie vertrocknen.«

»Die Golawski gießt sie eigentlich.«

»Ach, gießen. Damit kann man nur das Schlimmste verhindern. Wirklich nötig wäre ein richtiger Regen. Hm, ja, vielleicht sollte man es wirklich mal mit Magie probieren oder einen Regentanz aufführen. Weißt du, davon hat mir die Golawski erzählt. Sie forscht darüber.«

»Über Regentänze?«, fragte ich.

»Ja, genau. In manchen Teilen Afrikas werden solche Tänze aufgeführt. Mit Masken und Kostümen und so.«

»Das hat dir die Golawski erzählt?«

»Ja, sie ist Kulturwissenschaftlerin und war schon oft in Afrika, übrigens auch mit dem alten Schröder. Sie hat dort geforscht und er hat fotografiert. Der Schröder hat ihr dann seine Kameraausrüstung vererbt.« Jetzt kippte sie ihren Tomatensaft neben die Farne. »Ich krieg das Zeug nicht mehr runter. Vielleicht mögen es ja die Farne.«

Dann brach sie in Lachen aus. »Oje, oje. Farne mit Tomatensaft gießen. Ich glaub, die Hitze macht einen wirklich bekloppt! Dann doch lieber ein Regentanz!« Damit ging sie nach oben.

Als ich mich zu einem neuen Schlafversuch hinlegte, dachte ich: Ja, vielleicht müsste ich einen Regentanz machen. Doch bevor ich genauer darüber nachdenken konnte, schlief ich ein und erwachte erst, als Mama mich am nächsten Tag weckte.

KARAWANE DURCH DIE WÜSTE

»Du, tut mir leid, dass ich dich wecke«, sagte Mama und steckte den Kopf zur Tür herein. »Aber ich muss weg.«

»Wo musst du denn hin?«

»Arbeiten. Ich springe für Lisa ein. Die ist mal wieder krank. Gegen zehn kommt Oma vorbei, ja?«

Oma kam immer, wenn Mama am Wochenende arbeitete. Ich mochte meine Oma, aber für größere Unternehmungen war sie nicht geeignet, und ins Schwimmbad mochte sie auch nicht. Aber es war mir ganz recht. Über Nacht war in mir ein Plan gereift: Ich würde einen Regentanz aufführen, um unseren Schulgarten zu retten.

Dazu brauchte ich natürlich die Masken oder wenigstens eine. Um an die Masken zu gelangen, benötigte ich den Schlüssel, und um an den zu kommen, musste ich mit Juna Frieden schließen. Das fiel mir nicht leicht. Aber ich brauchte Juna.

Ich überlegte, wie ich vorgehen sollte. Ich würde rübergehen, läuten und sagen: »Du, Juna, es tut mir leid. Wollen wir wieder Freunde sein?«

Das war nicht besonders fantasievoll, es war auch nicht besonders wahr, denn richtig leid tat mir nichts, aber mir fiel nichts Besseres ein.

Ich sah auf die Uhr. Es war halb acht. Wann konnte ich rübergehen? Juna schlief am Wochenende oft lang, genau wie Astrid.

Um acht Uhr hielt ich es nicht mehr aus und ging zur Tür. Ich hatte den Satz, den ich sagen wollte, oft wiederholt. Genau das und kein Wort mehr. Denn ich fürchtete, wenn ich mehr sagte, würde ich Erklärungen nachschieben wie: »Es tut mir leid, ... aber du warst ja so gemein.« Oder: »Es tut mir leid, ... aber du hast gesagt, ich wäre dumm.«

Nein, so was durfte mir auf keinen Fall rausrutschen; da war die ganze Entschuldigung im Eimer. Ich atmete durch und öffnete die Tür.

Im Treppenhaus war es angenehm kühl. Vorsichtig machte ich zwei Schritte und hoffte, dass der Boden nicht knarrte. Ich drückte die Klingel.

Eine Weile war nichts zu hören. Vielleicht schliefen alle noch. Dann hätte ich sie jetzt womöglich geweckt und Juna hätte einen Grund mehr, sauer zu sein. Jetzt vernahm ich Schritte, kleine leichte Schritte, und langsam, ganz langsam ging die Tür auf. Juna glotzte mich an.

»Du ... äh ... ich ... wollen ... wollen wir wieder Freunde sein?«

Juna riss den Mund auf, sagte aber nichts.

Dann vergingen ein paar Sekunden, die mir wie Minuten vorkamen. Ich fürchtete, Juna könnte sich umdrehen und die Tür hinter sich zuwerfen, denn besonders freundlich schaute sie nicht drein. Doch dann streckte sie mir etwas steif die Hand hin. Ich ergriff sie, ihre war warm und trocken, meine war feucht.

»Gut«, sagte Juna und senkte den Kopf. Dann hob sie ihn wieder, in der Sekunde dazwischen hatte sie ihr Gesicht ausgetauscht – es hatte jetzt wieder den normalen Juna-Ausdruck –, und fragte: »Können wir zu dir? Mama schläft noch und ich hab total Hunger.«

»Ja, klar. Bei uns steht das Frühstück noch rum.«

Wir gingen zu uns. Juna schmierte sich einen Marmeladentoast und ich sah ihr beim Essen zu. Ich wollte schnell zur Sache kommen.

»Weißt du, ich hab mir überlegt, einen Regentanz zu machen«, sagte ich also.

Juna schaute mich verblüfft an.

»Was ist?«

»Nichts«, sagte Juna mit vollem Mund. »Aber wo willst du das denn machen? Doch nicht etwa im Hof? Und wozu?«

Ich weiß nicht, was ich erwartet hatte, irgendwie etwas mehr Begeisterung, denn ich fand meine Idee sehr junahaft, fast so verrückt wie ihre Ideen. Aber das Gegenteil schien der Fall zu sein: Sie runzelte nur kritisch die Stirn. Ich musste ihr die Sache ein wenig erklären.

»In unserem Schulgarten. Meine Klasse nimmt an einem Schulgarten-Wettbewerb teil und unsere Pflanzen sind halb vertrocknet.«

»Gießt die niemand?«

»Doch, doch, aber es reicht eben nicht.«

»Ah.« So wie Juna das sagte, klang das, als fände sie meine Idee komplett lächerlich.

»Ich meine das ernst.«

»Ja, ja, schon klar. Hm. Und wann?«

»Wie wann?«

»Wann willst du tanzen?« Sie klang jetzt so, als hätte sie begriffen, was ich vorhatte.

»Heute.«

»Ich dachte, ihr geht heut baden.« Meine Hoffnung war wieder dahin. Juna verstand nicht, worum es ging.

»Wollten wir auch«, versuchte ich zu erklären. »Aber Mama muss arbeiten, weil sie für jemanden einspringt. Das wäre eigentlich eine gute Gelegenheit, um ...«

»Ich versteh nicht ganz. Willst du dir für deinen Tanz auch solche Masken basteln?«, unterbrach mich Juna.

»Äh, ich dachte eher daran, mir eine oder zwei aus dem Keller auszuleihen.«

Juna schwieg. Irgendetwas an meiner Idee passte ihr nicht. »Auszuleihen?«

»Ja, jetzt dann, vielleicht.«

Juna verschränkte die Arme und lehnte sich zurück.

Ich überlegte, ob es nicht schlauer war, ihr von meinen Problemen mit Dennis zu erzählen. Aber vielleicht würde sie mich nur auslachen und mich wieder Schisser und Loser nennen.

»Und wie willst du die Dinger hintransportieren?«, fragte sie. »Sie sind sauschwer.«

»Mit dem Bollerwagen vielleicht.« Ich war kurz davor, wütend zu werden. Warum gefiel ihr meine Idee nicht? Warum stellte sie so blöde Fragen?

»Er steht in unserem Keller«, fuhr ich fort.

»Na ja, hm.«

»Was na ja, hm?«

»Das könnte funktionieren.« Sie nickte.

Ich wurde etwas hoffnungsvoller. »Machst du also mit?«

»Hm, ja. Besser, als sich zu Hause tot zu langweilen.«

»Du langweilst dich?«, fragte ich.

»Ja, natürlich. Die ganze Zeit.«

»Ich dachte, du hast immer verrückte Ideen.«

»Eben weil ich mich immer nur langweile.«

»Immer?«

»Ja, immer.«

»Ihr geht auch nie baden.«

»Nein, tun wir nicht. Mama geht wegen ihrer hellen Haut nicht gern in die Sonne.«

»Wenn wir das nächste Mal gehen, nehmen wir dich mit.«

»Echt?« Juna riss die Augen auf.

»Klar. Wir wollten dich auch heute mitnehmen.«

»Obwohl wir gestritten haben?«

»Ja, ich dachte, wir vertragen uns schon wieder.«

»Oh«, sagte Juna. »Und ich dachte eigentlich den ganzen Abend, du schaust mich nie mehr an.«

»Das dachte ich erst auch. Aber wir haben ja wirklich wegen einer Kleinigkeit gestritten … ob die Golawski eine Hexe ist … Weißt du, vielleicht ist sie ja an manchen Tagen eine und an manchen keine. Dann hätten wir beide recht.«

Juna lachte. »Was dir alles einfällt.«

Ich verschwieg, dass es gar nicht mir, sondern ihrer Mutter eingefallen war.

»Na ja, egal. Machst du also mit?«

»Beim Regentanz? Na klar. Das ist doch mal was Aufregendes.«

Jetzt war Juna wieder die Alte.

Wir gingen also in den Keller. Ich hatte den Schlüssel für unser Abteil, Juna den für das der Golawski.

Den Bollerwagen fand ich sofort; wir schleppten ihn nach oben.

»Die Golawski ist beim Einkaufen«, erklärte ich. Sie ging immer am Samstagvormittag einkaufen. Meist fuhr sie mit dem Fahrrad und kam erst gegen Mittag zurück. Wir hatten also noch zwei Stunden lang freie Bahn.

Ich wischte den Bollerwagen ab. Er war ganz verstaubt und überall hingen Spinnweben.

»Die hier ist vielleicht auch ganz nützlich«, sagte ich und faltete eine rote Decke auseinander. Als ich sie schüttelte, entstand eine dicke Staubwolke. Ich musste niesen. »Damit können wir die Masken abdecken.«

Dann wollten wir die Masken holen und schlossen das Kellerabteil der Golawski auf. Die Masken lehnten an den Wänden, die Zottelkostüme hingen an Haken.

»Welche wollen wir nehmen?«, fragte ich Juna.

»Keine Ahnung.« Juna hob eine der Masken ein Stück an. »Sie sind sehr schwer!«

»Vielleicht reicht eine«, sagte ich. Ich hatte etwas mehr Kraft als Juna, aber länger als ein paar Minuten würde auch ich die Maske nicht tragen können.

Also wählten wir zunächst ein Zottelkostüm aus, brachten es hoch, legten es in den Bollerwagen und verbargen es unter der Decke. Dann suchten wir eine Maske aus, die uns am leichtesten zu tragen schien, und trugen sie zu zweit hoch. Wir drapierten die Decke so über dem Wagen, dass man nicht erkennen konnte, was wir transportieren, und zogen ihn über den Hof und durch den Hausflur hinaus auf die Straße. Ich musste wieder niesen, auch Juna war ganz verstaubt.

Eilig zogen wir den Wagen über die Ampel und gingen zügig weiter, bis wir unser Haus nicht mehr sahen. Dann blieben wir im Schatten einer Kastanie stehen, um zu verschnaufen.

»Ist das heiß«, sagte Juna.

Meine Hände waren verschwitzt und als ich sie aneinanderrieb, entstanden kleine grauschwarze Würstchen.

»Und staubig. Ich komme mir vor wie eine Karawane durch die Wüste.«

»Haben wir was zu trinken?«

Ich schüttelte den Kopf. »Wenn unser Plan aufgeht, regnet es ja.«

Juna sah zum Himmel. »Noch keine Wolke in Sicht.«

»Wenn der Regentanz wirkt, ist das auch nicht nötig.«

»Stimmt, du hast recht.«

Zum Glück war der Weg nicht weit.

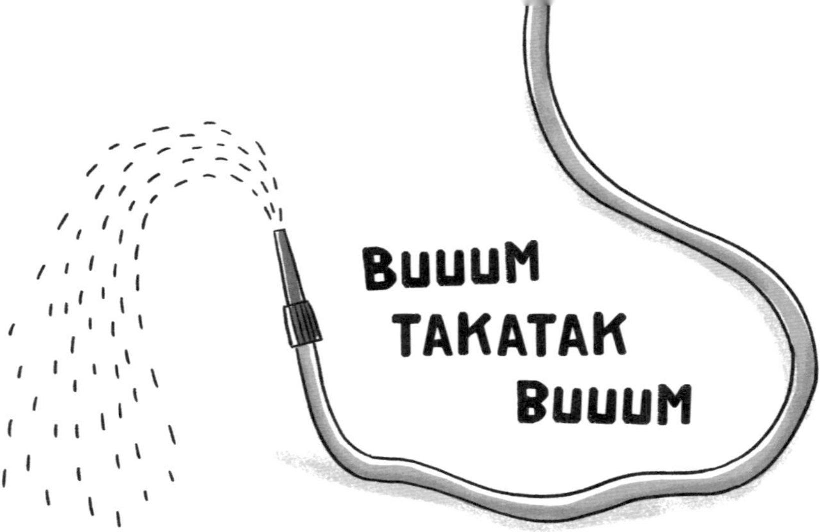

BUUUM TAKATAK BUUUM

Wir nahmen den Weg durch das Loch, denn natürlich war das Schulgelände abgeschlossen. Den Bollerwagen parkten wir in den Büschen, dann bugsierten wir die Maske durch das Loch. Die Zotteln des Kostüms verhedderten sich etliche Male in den abstehenden Drähten des Zaunes. Wir schwitzten und waren jetzt schon abgekämpft.

Komischerweise aber war ich gar nicht nervös. Ich fürchtete weder, wir könnten entdeckt werden, noch, dass irgendetwas an unserer Unternehmung schiefgehen könnte. Ich war mir auch vollkommen sicher, dass es nach meinem Tanz regnen würde.

Das Schulgelände lag verlassen und es war ganz still, was ich eigenartig fand, denn normalerweise ist auf dem Schulhof immer Geschrei. Das fehlte jetzt.

Wir schleppten die Maske und das Kostüm über den Hof. Jetzt mussten wir noch den Zaun zum Schulgarten überwinden. Das war gar nicht so leicht mit der schweren Maske. Ich kletterte hoch, Juna reichte sie mir und ich ließ die Maske vorsichtig auf der anderen Seite hinab. Dann kletterte ich selbst in den Garten und Juna folgte mir.

Schweißgebadet standen wir zehn Minuten später vor unseren Pflänzchen, die – da war ich mir sicher – das Wochenende ohne Wasser nicht überlebt hätten.

»Oh«, sagte Juna, als sie die Beete sah. »Die brauchen wirklich dringend Wasser ... Aber hätte man sie nicht gestern einfach ordentlich gießen können?«

»Das Wochenende ist zu lange. Man kann gar nicht genug gießen«, erklärte ich. »Und jetzt ist der Schuppen abgesperrt, man kommt nicht an den Wasserhahn.«

»Und wo willst du tanzen?«, fragte Juna.

»Dort auf der Wiese.« Die Wiese bestand nur aus vertrockneten Grasbüscheln. Juna faltete das Zottelkostüm auseinander. Sie rümpfte die Nase.

»Es stinkt ... Und außerdem ist es viel zu groß«, sagte sie, während sie es vor sich hinhielt.

Ich schnüffelte an dem Gewand. Ja, es roch muffig, ein bisschen wie die Sachen auf Omas Dachboden.

»Egal«, sagte ich und lehnte die Maske an die Wand des Schuppens. Plötzlich hörte ich ein Geräusch. Es war ein leises Knacken oder Krachen.

»Was war das?«

»Was?«, fragte Juna, die das Kostüm auf dem Boden ausgebreitet hatte.

»Da war ein Geräusch.«

»Ich hör nichts«, sagte Juna.

Es war wirklich nichts mehr zu hören. Juna hielt mir das Kostüm hin und ich schlüpfte hinein.

Ich verschwand vollständig in dem sackartigen Gewand und mir wurde schlagartig noch heißer. Auch der Geruch war innen stärker und ich hoffte, mich daran zu gewöhnen. Natürlich war das Kostüm viel zu groß, denn es war ja für einen erwachsenen Menschen gemacht. Die langen Zotteln schleiften am Boden, die Nähte kratzten auf meinen Schultern. Schon das Kostüm wog mehrere Kilo, so kam es mir jedenfalls vor, als mir Juna die Maske reichte.

»Und wie setzt man sie auf?«, fragte ich.

»Gar nicht, glaub ich. Da unten ist ja dieser Stab. Damit hält man sie wahrscheinlich vors Gesicht.«

»Uuuh, ganz schön schwer.«

»Ist ja nicht für lang.« Sie schaute mich an, wie ich die Maske vors Gesicht hielt. »Ich mach ein Foto!«

Juna fotografierte, aber als sie das Handy wieder einsteckte, sagte sie: »Wir Idioten! Wir haben gar nicht an Trommeln gedacht.«

Stimmt, daran hatten wir nicht gedacht.

Doch Juna hatte eine Idee: »Schau mal, da drüben steht ein Eimer, ich schlag da einfach drauf.«

Juna hatte einen weißen Plastikeimer geholt und ihn umgedreht.

Buuum, takatak, buuum, takatak, buuum …

»Jetzt tanz!«

Ich machte ein paar Schritte zum Rhythmus. Dazu versuchte ich, die Zotteln zu schütteln. Unter dem Kostüm war es unerträglich stickig, nach ein paar Schritten hatte ich schwere Beine. Doch Juna trommelte weiter in diesem Rhythmus, der immer mehr zu dem wurde, den wir in der Schrebergartensiedlung gehört hatten. Ich stampfte dazu mit meinen Füßen, die am Boden schleifenden Zotteln wirbelten den Staub auf.

Juna war aufgesprungen und tanzte jetzt, während sie mit einer Hand den Eimer hielt und mit der anderen auf ihn ein-

trommelte, vor mir her. Ich versuchte, ihre Bewegungen nachzumachen, während wir hintereinander durch das vertrocknete Gras stampften.

Juna zog jetzt einen Kreis, ihr Rhythmus wurde schneller. Dann wurde der Kreis immer kleiner, so klein, dass mir schon schwindlig wurde.

Ich drehte mich schneller, immer schneller. Die Büsche und Bäume rasten an meinen Augen vorbei, das Ganze wurde zu einer Art Spirale. Ich taumelte und auch Juna taumelte. Wir wirbelten und wirbelten, mir wurde übel, meine Arme schmerzten, vor den Augen sah ich grüne und rote Flecken, als es auf einmal einen lauten Knall machte, das heißt nicht nur einen, sondern mehrere hintereinander. Feuerblitze fuhren neben dem Schuppen in die Luft, jemand oder etwas lachte meckernd, darauf folgte ein noch lauterer Knall.

Juna fiel zu Boden, ich stolperte über sie und begrub sie mit meinen Zotteln und der Maske, was ihr sehr wehgetan haben musste, denn sie schrie auf. Aber auch ich war mit der Nase an irgendeine Kante gestoßen, und statt roter und grüner Flecke sah ich auf einmal silberne kleine Pünktchen, die ich nicht recht von dem Feuerblitz neben dem Schuppen unterscheiden konnte.

Juna lag im Staub. Ich stützte mich auf meine Arme und stellte fest, dass man nicht nur weiche Knie, sondern auch weiche Ellenbogen haben konnte. Das Knallen hatte aufgehört, zurück blieben ein schwefliger Geruch und grau-rosa Rauchschwaden. Auch die Sonne schien plötzlich nicht mehr, der Himmel war lila-schwarz. Juna rührte sich nicht. Sie ist tot, dachte ich. Aus voller Kehle schrie ich: »Aaaaaaaaaah!«

Meine Ellenbogen knickten weg, ich fiel auf Junas Bein und blieb ebenfalls liegen. Eine Weile lang – es hätten Stunden sein können oder Sekunden, wir hätten auch in einem anderen Universum sein können – war es ganz still. Meine Nase fühlte sich an wie ein Ballon und die grau-rosa Rauchschwaden verzogen sich langsam, als ich mich wieder aufrichtete. Auch Juna hob den Kopf.

»O Mann, du lebst!«

»Ja, natürlich«, sagte Juna und sah sich um. »Was war das?«

Hastig befreite ich mich von meinem Kostüm. Mir war immer noch schwindlig. Ein Windstoß wirbelte den Staub auf. Juna sah zum Himmel, der jetzt ganz voller Wolken hing. Es grollte leise.

»Gleich regnet es«, sagte sie.

»Meinst du?«, fragte ich zögernd, denn ich roch etwas. Der Schwefelgeruch hatte sich zwar verzogen, doch jetzt hatte ich den Geruch von angekokeltem Plastik in der Nase. Ich drehte mich zum Schuppen um.

»Nein«, sagte ich. »Es brennt!«

Juna sprang auf. »OMG!«

Die Flammen schlugen am Schuppen empor. Ich wollte

hinrennen, vielleicht konnte man das Feuer noch austreten, doch Juna hielt mich zurück.

»Ich ruf die Feuerwehr. Wie war noch gleich die Nummer?« Sie zog ihr Handy aus der Tasche.

»Weiß nicht, 110?«

»Oder 112?«

Juna tippte hastig eine Nummer. Ich überlegte in der Zwischenzeit, wie wir das Kostüm und die Maske beiseiteschaffen konnten, ohne dass die Feuerwehr sie entdeckte. Das war komischerweise mein einziger Gedanke. Auf die Idee, dass das Feuer in irgendeiner Art gefährlich für uns sein konnte, kam ich gar nicht.

»Ja, hier brennt es«, brüllte Juna in den Hörer. »Im Schulgarten der Hannah-Arendt-Grundschule.«

Pause.

»Hannah-Arendt«, wiederholte Juna. »Ich weiß nicht, wie man das schreibt.«

Pause.

»Moritz, welche Hausnummer?«

»24–26.«

Juna wiederholte die Nummer. »Nein, im Schulgarten. Der Schuppen. Bitte kommen sie schnell. Es ist alles so megatrocken hier.«

Sie legte auf.

»Wir müssen die Sachen verstecken«, sagte ich.

»Wir müssen vor allem hier weg«, sagte Juna und zeigte auf den Schuppen. Das Feuer hatte sich ausgebreitet.

»Meinst du, es gibt auch Feuertänze?«, fragte ich Juna, während wir über das Gartentor kletterten.

Juna antwortete nicht. Ich hievte die Maske über das Tor.

»Ich meine, vielleicht haben wir aus Versehen ein Feuer statt Regen ausgelöst.«

»Wohin mit den Sachen?«, fragte mich Juna.

»Vielleicht in den Lichtschacht vom Keller«, schlug ich vor. Dort versteckten wir uns manchmal beim Spielen.

Eilig stopften wir das Kostüm und die Maske in den Schacht. Das war keine Sekunde zu früh, denn wir hörten bereits die Sirene der Feuerwehr.

»Du hast eine dicke Nase«, sagte Juna.

Ich fasste hin. Es tat höllisch weh.

»Und was sagen wir, wenn sie fragen, warum wir hier waren?«, fragte ich.

»Wir sagen, uns ist ein Ball über die Büsche geflogen, den wir holen wollten«, schlug Juna vor.

»Ach du Schreck, die Büsche!«, rief ich. »Da steht ja noch der Bollerwagen!«

»Den finden sie nicht.«

»Wenn doch? Da sind sicher unsere Fingerabdrücke dran.«

»Dann sagen wir eben, wir haben den Ball, mit dem wir gespielt haben und der dann über den Zaun geflogen ist, in dem Bollerwagen hierhertransportiert. Und deine Nase ist so dick, weil du hingefallen bist. Stimmt ja auch.«

»Aber das Feuer?«, fragte ich. »Wie ist das Feuer ausgebrochen?«

Juna zuckte mit den Schultern.

»Aber wenn sie draufkommen?«

»Worauf?«

»Dass wir das Feuer womöglich mit dem Tanz ausgelöst haben?«

»Quatsch. Wir waren das nicht. Da hat halt jemand gezündelt. Und selbst wenn es vom Tanz käme: Das würde doch niemand glauben.«

Juna hatte recht. Niemand würde so etwas Verrücktes glauben. Sie sah mich an: »Pass auf. Ich hab eine Idee: *Ich* rede mit denen. Du nickst immer nur. Ja?«

Ich nickte.

Die Feuerwehr fuhr nun auf den Schulhof zu. Einer der Feuerwehrleute öffnete das Tor. Juna winkte ihm zu.

Wir erklärten, wo es brannte, und während die anderen Feuerwehrmänner zum Schulgarten liefen, um die Lage besser einschätzen zu können, fragte er: »Wie habt ihr denn das Feuer entdeckt? Ihr geht doch nicht etwa am Samstag freiwillig in die Schule?«

Juna setzte zu einer Antwort an, doch nun ertönte eine weitere Sirene und ein Polizeiauto kam angefahren.

»Oje, auch noch die Polizei«, flüsterte ich.

»Ganz ruhig, Moritz, das wird schon. Wir haben nichts gemacht.«

KREUZVERHÖR

Während die Feuerwehrleute löschten, standen drei Polizisten um uns herum. Zunächst wurden wir gefragt, wer wir sind, wo wir wohnen und wann wir das Feuer entdeckt hätten. Das war alles leicht zu beantworten und wir brauchten nicht zu lügen. Juna erklärte alles so gelassen und professionell, als sei sie ein Auskunftsbüro.

»Aber was habt ihr hier eigentlich gemacht? Am Samstagvormittag auf dem Schulhof?«

»Wir wollten einen Regentanz machen«, erklärte Juna.

Ich riss die Augen auf. War sie verrückt geworden? Was, wenn rauskam, dass wir die Maske und das Kostüm aus dem Keller geklaut hatten?

»Einen Regentanz?«, fragte der Polizist. »Das war wohl eher ein Feuertanz.«

»Moritz' Klasse macht bei einem Schulgarten-Wettbewerb mit und weil es nicht regnet und die Blumen übers Wochenende vertrocknet wären, haben wir uns hier für einen Regentanz verabredet. Wir sind da durch das Loch gekommen.«

»Was für ein Loch?«

Mir wurde ganz schlecht. Juna verriet alles. Das konnte sie doch nicht machen.

»Das Loch im Zaun. Und dahinter, da ist Moritz gestolpert und hingefallen. Deswegen hat er auch so eine dicke Nase.« Juna zeigte erst auf mein Gesicht, dann auf das Gebüsch.

Der Polizist musterte mich. Mir wurde noch schlechter.

»Na ja, und wir haben dann …«, fuhr Juna fort. Ihre Worte dröhnten in meinem Kopf. Wieso erzählte sie alles? Die Golawski würde uns umbringen, wenn sie das erfuhr! Auf einmal war mir, als zöge mir jemand von hinten langsam eine Kapuze über. Ich hörte schlechter, dann sah ich schlechter und auf einmal kotzte ich dem Polizisten auf die Füße.

»Hoppala!«, sagte der Polizist. »Da verträgt wohl jemand die Hitze nicht.«

Ein zweiter Polizist kam mir zu Hilfe, stützte mich und hielt mir ein Taschentuch hin. Es war so weiß, dass es mich blendete.

Ein paar schwere Tropfen fielen vom Himmel.

»Das mit dem Regentanz merk ich mir«, sagte der dritte Polizist mit blondem Schnurrbart, der bislang nur dagestanden und Notizen gemacht hatte. »Braucht man dazu irgendeine Ausrüstung, gibt es spezielle Tanzschritte?« Er schmunzelte und reichte mir eine Wasserflasche. Oje, dachte ich. Gleich wird Juna verraten, dass wir ein Kostüm und eine Maske entwendet hatten.

»Nein«, erklärte Juna jedoch. »Man braucht gar nichts und tanzt einfach. Den Rhythmus schlägt man auf einen leeren Eimer.«

Ich wischte mir den Mund ab. Das Wasser hatte gutgetan.

»So etwa«, fuhr Juna fort und klatschte den Takt. Während Juna das erzählte, sah ich, wie ein Feuerwehrmann mit dem zweiten Polizisten tuschelte. Der Polizist hörte mit gerunzelten Brauen zu, während er sich immer wieder über seine Schuhe wischte. Dann wandte er sich an uns.

»Jemand hat hier gezündelt. Habt ihr das auch gesehen?«

»Äh, nein«, sagte ich.

Juna stieß mich an. »Doch haben wir. Also, gesehen nicht, aber gehört. Es hat doch plötzlich geknallt, oder nicht, Moritz?«

»Hm, stimmt. Ja.«

Der zweite Polizist blickte von Juna zu mir. »Warum habt ihr das denn nicht gleich erzählt?«

»Wir, äh ...«, stammelte ich und bekam wieder einen Knuff in die Rippen. »Oder«, fragte der Polizist, »steckt ihr hinter allem?«

»Nein, wir stecken hinter gar nichts«, sagte Juna eilig. »Wir haben nur getanzt und getrommelt und dann hat es gekracht und gebrannt.«

»In dieser Reihenfolge?«

»Ja«, sagte Juna und ich nickte.

»Dann muss außer euch noch jemand da gewesen sein. Habt ihr jemanden gesehen?«

»Nein«, sagte Juna. »Aber man sieht ja nicht hinter den Schuppen. Vielleicht ist er in die andere Richtung weggerannt. Kann doch sein, oder, Moritz?«

Ich nickte. Ja, das konnte sein.

Der dritte Polizist notierte etwas in seinem Notizbuch.

Der erste Polizist sagte: »Jetzt müssen wir eure Eltern verständigen.«

»Meine Mama arbeitet«, sagte ich.

»Und meine schläft noch«, sagte Juna.

»Dann wecken wir sie. Gib mir mal die Nummer.«

Es hatte über eine Stunde gedauert, bis alle Formalitäten geregelt waren und wir mit unseren Müttern nach Hause gehen konnten. Aus dem Regen war nichts geworden. Zwar hingen immer noch dunkle Wolken am Himmel und es blitzte ab und zu, doch es fielen nur wenige Tropfen und die schienen auf dem heißen Boden sofort wieder zu verdampfen.

»Euch kann man nicht allein lassen«, nörgelte Mama. Sie hatte Oma wieder heimgeschickt und war selber gekommen.

»Sie haben einen Großbrand verhindert«, sagte Astrid.

»Und deine Nase!«, sagte Mama. »Die ist ja ganz dick.«

»Moritz ist hingefallen.«

Mama schüttelte den Kopf. »Habt ihr wirklich niemanden gesehen? Es hieß, es habe jemand gezündelt.«

»Vielleicht hat sich der Schuppen von selbst entzündet«, sagte Junas Mum.

»Von selbst!«, rief meine.

»Das gibt es! Oder jemand hat eine Zigarette liegen lassen.«

Mama sah mich an. »Ich weiß nicht, ich weiß nicht. Moritz, du hast zurzeit zu viele Geheimnisse.«

»Hab ich gar nicht. Und Zigaretten hab ich schon gar nicht. Wenn, dann raucht man heutzutage eh E-Zigarette.«

»So, so«, sagte Mama. »Was du alles weißt.«

»Wir waren das nicht«, sagte Juna wieder. »Das wäre doch auch unlogisch. Schließlich wollten wir ja einen Regentanz machen.«

»Allein das ist schon verrückt genug«, sagte Mama. »Wie seid ihr denn auf die Idee gekommen?«

»Weil es nicht regnet.«

»Bei der Trockenheit kann man schon mal auf solche Ideen kommen«, sagte Junas Mum. »Es ist ja nicht verboten.«

»Nein, verboten ist es nicht«, murmelte Mama, wirkte aber unzufrieden.

Wir trotteten neben unseren Müttern her. Mir war, als sei es noch heißer als zuvor.

Weil Astrid fand, wir hätten eine Belohnung für unsere Heldentat verdient, kaufte sie im *Penny* Eis für alle. Irgendwie kühlte uns das ab: unseren Mund, unseren Körper, unser Gehirn. Ich dachte: Ja, da hat vielleicht jemand gezündelt und wir haben die Feuerwehr geholt. Wir sind die Guten, nicht die Bösen. Auch Mama entspannte sich und Eis schleckend schlugen wir den Heimweg ein. Juna und ich hatten uns ein Stück zurückfallen lassen, unsere beiden Mütter gingen voraus.

»Was machen wir mit dem Kostüm?«, fragte ich Juna leise. »Es muss ja weg da.«

»Wir holen es heute Abend«, raunte Juna zurück. »Genau wie den Bollerwagen. Ich war doch schlau, oder?«

»Wieso schlau?«

»Es *war* schlau, wie ich mit der Polizei geredet habe, das musst du doch zugeben.«

»Du hättest doch beinahe alles erzählt!«

»Nein, niemals. Das war doch mein Plan. Möglichst viel Wahrheit erzählen. Das mit dem Regentanz ist so bekloppt, dass man es einfach glauben muss. Weißt du, man darf nur so viel lügen, wie unbedingt nötig. Genau genommen habe ich überhaupt nicht gelogen, sondern nur was weggelassen.«

»Aber die Polizisten halten uns jetzt für völlig verrückt.«

»Besser als für Brandstifter.«

»Vielleicht halten sie uns für verrückt und für Brandstifter.«

»Nein, wer so bescheuert ist und der Polizei erzählt, er würde einen Regentanz machen, damit das Schulbeet nicht vertrocknet, der zündet nichts an.«

»Und wenn sie das Kostüm und die Maske finden?«

»Die finden die Sachen nicht. Die Polizei ist ja weg. Aber

sag mal, der da gezündelt hat, der war doch sicher aus eurer Schule?«

»Ich weiß nicht. Hat denn einer gezündelt?«

»Natürlich. Und die Wahrscheinlichkeit, dass er auf eurer Schule ist oder war, ist groß.«

Juna schien wie immer recht zu haben. Aber vielleicht war ja doch unser Tanz schuld …

Ein Stück gingen wir schweigend.

»Moritz«, sagte sie nach einer Weile, »du glaubst immer noch, wir waren das.«

Ich antwortete nicht.

»Stimmt's?«

»Mh.«

»Wir waren das nicht. So ein Tanz löst kein Feuer aus.«

»Aber wir haben ihn gemacht, damit es regnet. Und wenn man glaubt, dass ein Tanz Regen auslösen kann, muss man auch glauben, dass ein Tanz Feuer verursachen kann. Wenn man ihn vielleicht irgendwie falsch macht.«

»Ja, schon. Aber … Hast du wirklich geglaubt, so ein Tanz wirkt?«

»Natürlich«, sagte ich. »Sonst bräuchte man ihn ja nicht zu machen. Warum hast du überhaupt mitgemacht, wenn du es nicht glaubst?«

»Es hätte ja sein können. Ich meine, es hat mich halt interessiert, ob es funktioniert. Und es hat eben nicht funktioniert.«

»Eben schon. Nur falsch.«

»O Moritz!«

Ich zuckte mit den Schultern. Ich musste wirklich sehr mitleiderregend ausgesehen haben, denn plötzlich schlang Juna ihre Arme um mich und rief: »Ach Moritz, mach dir doch nicht so viele Sorgen. Es ist ja alles noch mal gut gegangen, und selbst wenn unser Tanz schuld war, kommt niemand dahinter. Im Gegenteil, du kriegst vielleicht noch eine Belohnung, weil du deinen Schulgarten gerettet hast. Sieh's mal so!«

Ich versuchte, es so zu sehen, aber ich wurde das Gefühl nicht los, mit der Maske etwas Schlimmes angerichtet zu haben. Am liebsten hätte ich sie nie mehr angesehen oder berührt, aber das ging ja nicht, denn wir mussten sie wieder aus dem Lichtschacht holen und in den Keller zurückbringen.

Später rief der Direktor der Schule bei uns an und wollte von mir noch einmal genau wissen, was passiert war. Ich erzählte ihm alles so, wie es Juna der Polizei berichtet hatte. Am Ende lachte der Direktor. »Ich weiß zwar nicht, ob es eine gute Idee ist, am Wochenende auf dem Schulgelände irgendwelche Tänze zu veranstalten, aber du und deine Freundin habt dadurch Schlimmeres verhindert. Dafür möchte ich euch danken. Ich werde in den nächsten Tagen noch auf dich zukommen.«

»Oh, tun Sie das lieber nicht«, rief ich erschrocken.

»Warum denn nicht?«

»Ich will nicht, dass das wer erfährt. Es ... es ... wäre mir peinlich.«

»Aber Mut muss doch belohnt werden.«

»Das … äh … war kein Mut. Jeder hätte die Feuerwehr gerufen. Kann das Ganze nicht geheim bleiben?«

Der Direktor lachte. »Na ja, gut, du stehst anscheinend nicht gern im Mittelpunkt … und bis zum Schuljahresende ist es ja noch ein bisschen hin.«

Damit legte er auf. Was der letzte Satz bedeutete, wusste ich nicht. Dass ich am Schuljahresende womöglich vor allen Schülern einen Schulgartenretterorden bekommen würde?

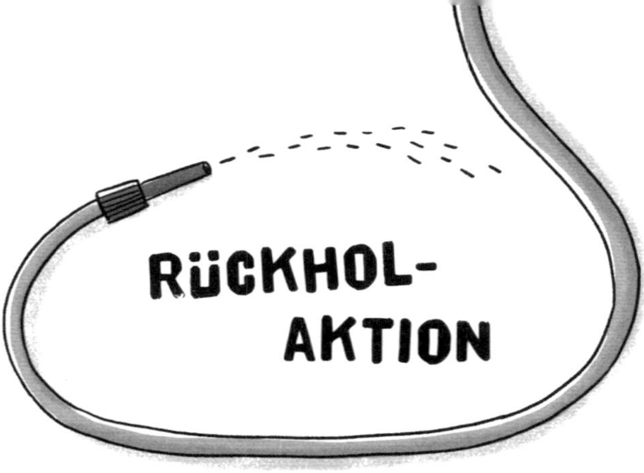

RÜCKHOL-AKTION

Den Rest des Tages war mir flau im Magen.

Ich lief ziellos durch die Wohnung, schaute ein wenig fern, aß zwei geschmolzene Schokoostereier, die ich in meinem Zimmer hinterm Schrank gefunden hatte, und warf Ella den zerrupften Softball zu, mit dem sie sonst so gern spielte. Aber Ella öffnete nur kurz die Augen und gähnte von ihrem Katzenbaum herab.

Am frühen Abend kam Juna zu uns. Sie war voller Tatendrang und schmiedete einen tollen Plan, wie wir abends das Kostüm und die Maske zurückholen konnten.

»Wir müssen dafür warten, bis es dunkel ist«, erklärte sie.

»Das ist erst um zehn«, sagte ich.

Juna kratzte sich am Kopf. »Hm, das ist spät. Aber es geht nicht anders. Es wäre vielleicht nicht so gut, wenn man uns heute noch mal an der Schule sähe.«

»Und morgen?« Ich hatte überhaupt keine Lust, an diesem Abend noch im Dunklen herumzuschleichen.

»Nein, die Sachen müssen da weg. Je schneller, desto besser. Pass auf, wir treffen uns heute Abend um Punkt 22 Uhr unten am Briefkasten.«

Ich zögerte. Das war doch alles Wahnsinn. Jetzt noch mal zur Schule! Was, wenn da die Polizei lauerte? Andererseits mussten die Maske und das Kostüm möglichst schnell in den Keller zurück. Sonst fiel es womöglich der Golawski auf oder sie wurden geklaut. Und vielleicht war es ja gar nicht so schwierig, sich abends aus der Wohnung zu schleichen. Mama saß meistens im Wohnzimmer und sah fern; ich würde einfach früher ins Bett gehen und dann …

»Hörst du? Passt 22 Uhr?«

»Ja, das geht.« Ich nickte zur Bestätigung.

Es funktionierte. Ich ging zeitig zu Bett, was Mama überhaupt nicht merkwürdig fand, weil ich offenbar sehr abgekämpft aussah. Angezogen legte ich mich hin und wartete bis fünf vor zehn. Dann stand ich auf und schlich mich aus der Wohnung. Ich war überrascht, wie leicht es war.

»Prima«, sagte Juna unten am Briefkasten. »Ich hab schon gedacht, du machst womöglich schlapp.«

»Echt?«

»Ja, Mann, du hast heute Nachmittag ausgesehen wie ein Zombie … Komm, da lang. Es brauchen ja nicht alle zu sehen, dass wir so spät ohne Eltern unterwegs sind.«

Daran hatte ich gar nicht gedacht. Der Sommer war wirklich doof, was das betraf. Im Winter konnte man um 17 Uhr bei Dunkelheit allein herumlaufen, so viel man wollte.

Wir gingen einen Weg zu meiner Schule, den ich sonst nie ging, weil er weiter war. Aber er lag im Park und dort waren nicht so viele Leute. Relativ ungesehen erreichten wir das Schulgebäude. Im Gebüsch stand noch der Bollerwagen, wie wir ihn abgestellt hatten. Wir schlüpften durch das Loch, rannten geduckt über den Schulhof hin zu dem Lichtschacht, in den wir die Maske und das Kostüm gelegt hatten. Beides war noch da, wir atmeten auf.

Oben am Himmel schien der Mond, er war halb voll und ließ das Weiß der Maske unheimlich leuchten. Ich kniete mich hin und blickte nach unten. Juna schaltete die Taschenlampe ihres Handys ein und strahlte die Maske mit ihrem eigenartigen runden Mund an. Fast schien er sich zu bewegen. Ich zögerte, sie anzufassen. Vielleicht steckte ja wirklich ein Geist drin.

»Mach schnell!«, zischte Juna und blickte sich hektisch um.

»Ja, ja«, nuschelte ich und streckte die Hände nach der Maske aus. Meine Knie taten schon weh vom harten Pflaster. Doch wieder zögerte ich.

»Schau, die Maske. Sie bewegt den Mund.«

»Ja, weil ich das Licht bewege. Das sind die Schatten. Komm, jetzt mach. Einfach schnell Maske holen und weg hier.« Aber auch Juna wirkte irgendwie beunruhigt und hektisch.

Ich hielt den Atem an, schloss die Augen, griff nach der Maske und hob sie aus dem Schacht. Sie war doppelt so schwer wie am Tag, das Holz war rau, aber irgendwie warm, warm wie ein Lebewesen. Ich richtete mich auf und rannte damit zum Gebüsch. Dabei schien sie immer wärmer zu werden. Ich bekam plötzlich sinnlose Angst. Vielleicht brach ja wieder ein Feuer aus.

Hastig schob ich die Maske durch das Loch, kroch selber hindurch und hob sie in den Bollerwagen. Gleich darauf kam Juna mit dem Kostüm angerannt und stopfte es durch das Loch.

»Wir müssen schnell machen«, flüsterte ich. »Vielleicht brennt es gleich.«

»Hä, wieso?«

»Die Maske fühlt sich ganz heiß an.«

Juna schaute mich an, als sei ich nicht mehr ganz zurechnungsfähig, dann fasste sie an die Maske.

»Quatsch. Und jetzt lass uns hier verschwinden, bevor du durchdrehst.« Juna breitete das Kostüm und die Decke über der Maske aus und schob den Wagen aus den Büschen. Dann griff sie nach der Deichsel und zog den Wagen Richtung Park. Ich rannte hinterher.

Je weiter wir uns von der Schule entfernten, desto erleichterter fühlte ich mich. Leise hörten wir die vorbeifahrenden Autos auf der Straße weiter hinten, ein Hund bellte, irgendwo lachte jemand. Die Räder des Bollerwagens machten auf dem Kiesweg einen ungeheuren Lärm. Wir weckten bestimmt die ganze Stadt auf! Plötzlich hörte ich durch den Lärm ein Geräusch und blieb stehen.

»Was ist?«, fragte Juna ungeduldig.

»Ein Geräusch.«

»Was für ein Geräusch?«

»Ich … ich weiß nicht. Ich glaub, die Maske hat was gesagt.«

»So ein Unfug. Das war halt ein Hund.« Juna sah sich um und knackte mit den Fingergelenken. »Komm, lieber schnell weiter!«

Weil es still blieb, gingen wir eilig weiter, und endlich hatten wir die Ampel erreicht, die wunderbar beruhigendes grünes, von Menschen gemachtes Licht ausstrahlte. In unserem Haus waren noch die Fenster im vierten und fünften Stock erleuchtet. Unser Wohnzimmer war schon dunkel.

Wir überquerten die Straße und Juna schloss die Tür auf. Auch das Licht im Treppenhaus kam mir auf einmal unglaublich heimelig vor.

»Geschafft«, flüsterte Juna.

»Fast«, flüsterte ich zurück.

»Na ja, was soll jetzt noch passieren?«, fragte Juna und wir schlossen die Tür zum Keller auf. Gemeinsam trugen wir den beladenen Bollerwagen nach unten.

Das Scharnier quietschte, als Juna die Tür zum hintersten Kellerabteil aufschloss. Ich zog den Kopf ein und wagte einen Blick in den Raum. Die Dunkelheit blendete mich fast, doch Juna ließ die Lampe ihres Handys durch den Raum gleiten. Auch sie zuckte beim Anblick der versammelten Masken zusammen. Sie glotzten mich an. Das ist nur bemaltes Holz, versuchte ich zu denken.

»Ich … ich mach nichts«, flüsterte ich. »Ich bring bloß ganz schnell eine von euch zurück.« Dann hängte ich das Kostüm hastig an den Haken, von dem ich es genommen hatte. Dann griff ich nach der Maske. Immer noch war sie warm. Und wenn jetzt ein Feuer im Haus ausbrach?

»Ganz ruhig, liebe Maske, ich bring dich schon zurück«, flüsterte ich und strich der Maske über ihr rundes Gesicht. Dann trug ich sie in den Raum und wollte sie an die Stelle lehnen, von der ich sie genommen hatte. Daneben stand eine andere Maske, ebenfalls mit riesigen Augen und einem Mund mit großen weißen Zähnen. Ich berührte sie versehentlich. Auch sie war warm, noch wärmer als die, die ich zurückbrachte. Heiß fast. Ich schrie auf und rannte aus dem Kellerabteil, den finsteren Gang entlang, die Treppe hinauf, bis ich im Hof stand. Dort stürzte ich zum Wasserhahn und drehte ihn ganz auf. Hastig stellte ich den Eimer darunter, der immer im Hof stand. Ich ließ ihn volllaufen und wollte damit in den Keller. Da kam Juna die Treppe herauf.

»Moritz? Wo bist du hin? Was ist los?«, fragte sie leise.

»Die Masken … sie sind ganz heiß. Vielleicht bricht noch ein Feuer aus.«

»Moritz, geht's dir nicht gut? Es ist alles in Ordnung. Die Masken stehen alle an ihrem Platz, glücklich und zufrieden.«

»Wirklich?«

»Ja, alles bestens.«

»Und wenn wir doch vorsichtshalber unten ein paar Eimer Wasser hinkippen?«

Juna schüttelte den Kopf und fasste mir an die Stirn. »Moritz, vielleicht hast du Fieber?«

Irgendwie gelang es Juna, mich so weit zu beruhigen, dass ich nicht mehr den Keller unter Wasser setzen wollte. Wir brachten den Bollerwagen in unser Kellerabteil, sperrten alles ordentlich ab und schlichen wieder zurück in unsere Wohnungen.

Es ist kaum zu glauben, aber ich landete wirklich in meinem Zimmer, ohne von meiner Mutter bemerkt worden zu sein. Wie ich vermutet hatte, war sie schon schlafen gegangen. Die Wohnung war ganz still. Eilig zog ich mich aus und legte mich hin.

Steckten in den Masken wirklich echte Geister? Dann kam mir ein anderer Gedanke. Vielleicht war ja auch die Golawski ein Geist, ein aus der Maske entwichener Geist. Oder sie war womöglich der Regengott persönlich. Über all diesen Gedanken musste ich dann doch irgendwann eingeschlafen sein.

Mama weckte mich um zehn Uhr. Für eine Millisekunde hatte ich vergessen, was am Tag und in der Nacht zuvor passiert war, doch dann fiel mir alles wieder ein.

»Was ist los?«, fragte Mama, weil sie sich über mein erschrockenes Gesicht wunderte.

»Nichts«, sagte ich.

»Es gibt Frühstück. Du hast ja geschlafen wie ein Murmeltier.«

Ich nickte nur und stieg schwerfällig aus dem Bett.

Das Frühstück war lecker, Mama hatte sogar ein Ei gekocht. Sie zeigte auf eine Kiste voller alter Turnschuhe.

»Schau mal, ich hab ausgemistet. Meinst du, du könntest die Sachen nachher in den Keller runterbringen?«

»Was? Ich ... äh ...«

»In den Keller. Du gehst doch so gern runter.«

Stimmt. Es hatte mal in meinem Leben eine Zeit gegeben, in der ich gern in den Keller gegangen war, weil es da unten so lecker roch und weil es interessant war. Diese Zeit war jetzt sehr, sehr, sehr weit weg. Offenbar war ich über diese Gedanken blass geworden.

»Was ist denn, Moritz? Wirst du krank? Oder hast du womöglich eine Rauchvergiftung ... von gestern?«

Ich konnte nicht antworten, zum Glück redete Mama weiter. »Aber, na ja, die Kiste ist nicht so wichtig. Vielleicht können wir heute baden gehen und Juna mitnehmen.«

»Äh ... Juna ...«

»Du kannst ja nach dem Frühstück mal fragen.«

»Ja, ... da frag ich.«

Ich löffelte mein Ei und überlegte dabei, ob es klug war, Juna zum Baden mitzunehmen. Womöglich würden wir uns verplappern.

Wir nahmen Juna mit. Ich machte ihr ein paar Zeichen, damit sie ja nicht vor Mama zu viel erzählte. Im Auto waren wir deswegen sehr schweigsam, dafür ergriff Mama das Wort: »Hoffentlich ist es nicht so voll«, sagte sie.

Weil niemand antwortete, sagte sie: »Die Schwimmbäder haben natürlich Rekordeinnahmen in diesem Jahr.«

Weil immer noch niemand was sagte, fuhr sie fort: »Eigentlich müsste man neue Schwimmbäder bauen, wenn die Sommer so heiß bleiben.«

Juna und ich schwiegen.

»Aber wenn es auch nicht regnet, woher soll dann das Wasser kommen?«

Mama seufzte. »Egal, worüber man spricht, man endet beim Wetter. Vielleicht sollten wir in Zukunft mit dem Rad zum Bad fahren. Ha, das reimt sich: Rad und Bad.«

Wir fanden das nur halb lustig, aber zum Glück waren wir nun da. Die Schlange an der Kasse war 50 Meter lang, wir warteten eine Dreiviertelstunde, bis wir drin waren.

»Man klebt am Asphalt fest«, war der einzige Satz, den wir beim Warten sprachen, und der kam von Mama.

Erst als wir endlich, endlich drin waren und endlich, endlich zu zweit im Wasser planschten, sagte Juna: »Ist eigentlich wieder alles okay?«

Wir spielten gerade Durch-die-Beine-Tauchen. Ich schnappte nach Luft.

»Was sollte nicht okay sein?«

»Na ja, ich dachte gestern, du hast vielleicht Fieber.«

»Ich hatte kein Fieber. Die Masken waren so heiß. Ich dachte nur, es könnte noch mal zu brennen anfangen. Als Strafe.«

Juna antwortete nicht, sondern sie tauchte, weil sie dran war, durch meine Beine.

»Als Strafe? Aber das Feuer im Schulgarten ist doch nicht wegen unserem Tanz ausgebrochen und schon gar nicht wegen der Masken.«

»Und wenn sie doch wirken und wir sie bloß falsch benutzt haben? Wenn wirklich ein Geist darin steckt? Oder irgendein Gott?«

»Quatsch, Geister und Götter gibt es nicht.«

»Wieso nicht?«

Juna schaute mich an, als sei ich nicht ganz dicht. »Meine Mum sagt, es gibt keine Geister. Und erst recht keine Götter.«

»Meine sagt, es gibt Gott. Sie geht sogar in die Kirche.«

»Echt? Krass. Aber kann sie es beweisen?«

»Was?«

»Dass es einen Gott gibt?«

»Es kann ja auch niemand beweisen, dass es keinen gibt.«

Juna schwieg und verschränkte die Arme. Es passte ihr nicht, dass ich das letzte Wort zu haben schien.

»Gut«, sagte sie. »Wir machen eine Wette. Wenn du länger tauchen kannst, gibt es Geister und Götter, wenn ich länger tauchen kann, gibt es keine.«

Ich fand die Wette doof, aber wir tauchten trotzdem. Juna gewann. Natürlich.

Irgendwie hatten wir danach beide schlechte Laune, das

Schwimmbad wurde immer voller, wir mussten auch für Pommes eine halbe Stunde anstehen und das Wasser roch nach hundertprozentiger Urinlösung.

Die Frage über Geister und Götter hatte Juna und mich entzweit. Schweigsam fuhren wir mit Mama zurück zu unserem Haus. Juna ging in ihre Wohnung, Mama und ich in unsere.

»Mama«, fragte ich, nachdem ich eine Weile in meinem Zimmer auf dem Bett gelegen und versucht hatte, möglichst große Löcher in die Luft zu starren. »Gibt es Geister oder Götter, zum Beispiel welche, die für Feuer und Regen zuständig sind?«

»Also, ich glaube daran, dass es *einen* Gott gibt. Aber ob der auch für den Regen zuständig ist, weiß ich nicht.«

»Wäre der eine Gott nicht für alles zuständig?«

»Ob ›zuständig‹ das richtige Wort ist, bin ich mir nicht sicher. Gott hat, glaube ich, keine Pflichten. Wir Menschen haben Pflichten.«

»Welche denn?«

»Sich um die Erde zu kümmern … Aber weil du gefragt hast: An solche Geister glaube ich nicht. Aber manche tun das natürlich.«

Abends machte ich das Katzenklo sauber und brachte den Müll weg. Ich beeilte mich ziemlich, denn ich wollte keinesfalls der Golawski begegnen. Ich schwang den Sack in die Tonne, dann eilte ich wieder hinauf und schlüpfte in die Wohnung. Keine Sekunde zu früh, denn jetzt hörte ich von oben Schritte. Gerade als ich die Wohnungstür schließen wollte, begann die Golawski zu sprechen.

»Wir können uns deswegen gern noch mal treffen, Klood.«

Darauf antwortete eine tiefe Stimme: »Ja, machen wir. Dienstag, am besten in der Uni-Cafeteria.«

Eilig zog ich die Tür so weit zu, dass sie nur noch einen Spaltbreit offen stand. Jetzt gingen zwei Personen an meiner Tür vorbei, eine dunkel gekleidete, die Golawski also, und ein Mann in hellem Anzug und Strohhut. Allerdings verdeckte die Golawski den Mann so, dass ich sein Gesicht nicht sehen konnte. Doch sie hatte Klood zu ihm gesagt. Und ich kannte nur einen Klood. Claude Coulibaly, Odettes Onkel.

FEUER UND REGEN

Am Montag ging ich extraspät zur Schule. Ich wollte möglichst knapp kommen, denn sicher hatten alle schon von dem Brand erfahren und ich wollte vermeiden, darüber sprechen zu müssen.

Schon als ich das Gebäude betrat, merkte ich, dass etwas anders war als sonst: Dennis fehlte. Niemand checkte die Eingänge, niemand die Klos.

Hastig schlüpfte ich ins Klassenzimmer, ohne jemandem ins Gesicht zu sehen, und setzte mich auf meinen Platz. Dann begann der Unterricht und Frau Fähnlein legte los:

»Ihr habt vielleicht schon mitbekommen, dass es am Wochenende im Schulgarten gebrannt hat. Es ist ein Schaden von 1000 Euro entstanden und nur dank des mutigen Eingreifens eines Schülers unserer Schule und seiner Freundin konnte Schlimmeres verhindert werden. Jetzt wollte ich euch fragen, ob ihr vielleicht am Wochenende etwas beobachtet habt oder ob euch jemand etwas erzählt hat. Ihr könnt nach der Stunde oder später zu mir kommen, wenn ihr jetzt nicht darüber reden wollt.«

Odette meldete sich. »Wer war denn der Schüler?«

»Darüber kann ich keine Auskunft geben.«

»Und wer ist seine Freundin? Ist sie auch an der Schule?«, fragte Anna-Lynn.

Sie tuschelte mit Odette, neben der sie in allen Fächern außer Mathe saß.

»Nein, ich glaube nicht«, erwiderte Frau Fähnlein. »Aber ich weiß darüber auch nichts Genaueres. Ich möchte euch nur darauf hinweisen, wie gefährlich es ist, in diesen Zeiten zu zündeln.«

»Wieso in diesen Zeiten?«, fragte Tim.

»Wegen der Hitze. Es ist alles so trocken. Früher hat es im Sommer manchmal geregnet. Es gab richtig verregnete Sommer.«

»Verregnete Sommer!« Anna-Lynn sperrte ungläubig den Mund auf.

»Und wieso fehlt Dennis?«, wollte Tim wissen.

»Das weiß ich nicht so genau.«

»Doch, Sie wissen das!«, sagte Anna-Lynn. »Ich weiß es nämlich auch, weil ich nämlich neben ihm wohne.«

»Also, äh … ich weiß es, aber nur ungefähr«, versuchte sich Frau Fähnlein herauszureden. »Seine Mutter hat heute früh angerufen. Er … ist im Krankenhaus.«

Jetzt waren alle in Aufruhr, und nur mit Mühe konnte Frau Fähnlein die Klasse beruhigen. Es sei nichts Schlimmes, nur eine Verletzung am Bein, aber mehr wisse sie auch nicht.

Dann redete sie noch eine ganze Weile von Hitze, Dürre,

Trockenheit, von Feuer und Waldbränden, Streichhölzern, Zigaretten und Böllern, bis sie auf unseren Schulgarten-Wettbewerb zu sprechen kam. Leider seien nun alle Sonnenblumen zertrampelt. Den Feuerwehrleuten könne man das nicht übel nehmen, eher schon dem Brandstifter, und sie sehe im Moment keine echte Chance mehr, an dem Wettbewerb erfolgreich teilnehmen zu können. Sie machte ein trauriges Gesicht.

Wieder meldete sich Odette. »Aber vielleicht können wir was anderes anpflanzen?«

Frau Fähnlein zuckte traurig mit den Schultern. »Ja, da hast du wohl recht. Irgendwas, was nicht viel Wasser braucht. Aber ich glaube, das wächst jetzt nicht mehr schnell genug.«

»Frau Fähnlein, Sie dürfen nicht so mutlos sein!«, rief Odette. »Wir kriegen das schon wieder hin.«

»Na ja, vielleicht hast du recht. Ihr könnt euch ja mal als Hausaufgabe überlegen, wie wir das Schulgarten-Projekt retten könnten.«

In der Pause spekulierten alle wild herum. Ich saß ein wenig abseits und hörte zu.

»Dennis hat was am Bein. Der Krankenwagen kam mit Sirene«, erzählte Anna-Lynn. »Und mit Sirene kommt er nur, wenn es echt schlimm ist. Blutvergiftung oder so was.«

Ich spitzte die Ohren.

»Vielleicht«, mutmaßte Anna-Lynn weiter, »muss ihm ja das Bein amputiert werden. Boah, stellt euch das mal vor.«

Tim kam zu der Gruppe. Er kippte einen Trinkjoghurt in sich hinein. Dann rülpste er und sagte: »Mann, was erzählst du da für Bullshit? Bein amputiert! Dennis hat einen Bänderriss, mehr nicht.«

»So, woher weißt du das? Ich wohne doch in seinem Block.«

»Er hat's mir geschrieben, ganz einfach.«

Anna-Lynn schwieg enttäuscht. Weil Dennis' Verletzung nun nicht mehr interessant war, sprachen sie wieder über den Brand.

Tim verschränkte die Arme. »Also, dieser angebliche mutige Retter ... Mich würde ja schon interessieren, was man an einem Samstag im Schulgarten zu suchen hat. Vielleicht ist der Retter ja der Täter oder die haben zu dritt gezündelt und der eine ist davongelaufen und die anderen beiden haben die Feuerwehr gerufen und spielen sich als Helden auf.«

»Wieso zu dritt?«, fragte Anna-Lynn.

»Der Retter und die Freundin und der Täter.«

»Das glaub ich nicht«, sagte Odette. »Die Polizei hätte das sicher schon herausgefunden. Nein, nein, der, der die Feuerwehr gerufen hat, ist ein echter Held!« Ihre Wimpern kräuselten sich noch mehr als sonst.

»Pfff«, machte Tim.

»Aber wer ist er?«, fragte Anna-Lynn. »Und vor allem: Wer ist seine Freundin?«

»Pfff«, machte Tim noch einmal.

»Jetzt hör mal auf mit deinem ›Pfff‹«, sagte Odette. »Vielleicht war ja Dennis der Zündler? Und beim Davonlaufen ist er umgeknickt. Deshalb hat er jetzt den Bänderriss.«

Tim zuckte mit den Schultern.

»Er hat ein Gasfeuerzeug«, fuhr Odette fort. »Mit dem gibt er im Schulhof immer an.«

»Ach«, sagte Tim, »so eines hab ich auch.«

»Vielleicht warst es ja du?«

»Ja, oder vielleicht du, Odette!« Damit wandte sich Tim von dem Grüppchen ab und ging zur Tischtennisplatte, auf der heute niemand saß und Befehle erteilte. Ich hatte die ganze Zeit über an meinem schattigen Plätzchen gesessen und der Diskussion nur zugehört.

Juna traf ich wie üblich im Treppenhaus.

»In der Schule reden alle über den Brand«, sagte ich.

»Ist ja klar«, sagte sie.

Ich wollte noch irgendetwas sagen, doch Juna stupste mich an.

»Mist, Schritte. Das ist die Golawski. Der will ich jetzt wirklich nicht begegnen.«

Wir sprinteten die wenigen Stufen hoch und Juna griff in die Hosentasche ihrer Shorts und kramte nach dem Schlüssel.

»Mann, beeil dich!«, zischte ich, doch da erschien bereits der Kopf der Golawski am Treppenabsatz. Ich ahnte, dass das nichts Gutes hieß.

»So, so«, sagte sie, als sie uns erreicht hatte. »Da will wohl jemand ganz schnell verschwinden.«

»Guten Tag«, sagte ich so höflich wie möglich und auch Juna brachte ein gestammeltes »Hallo« über die Lippen.

»Ich wollte euch ja schon gestern sprechen, aber gestern waren die Vögel wohl ausgeflogen.«

»W-We-Welche Vögel?«, stotterte Juna.

»Äh, wir waren im Schwimmbad.«

»Ja, da gehört ihr auch hin. In meinem Keller habt ihr nämlich nichts zu suchen.«

»Wir haben ja auch nichts gesucht«, sagte Juna, die sich vom ersten Schock anscheinend schon erholt hatte.

»Ja, ich weiß, ihr habt was zurückgebracht. Aber das ändert nichts.«

Die Golawski schaute grimmig.

»Woran?«, fragte Juna.

»An eurer Tat. Kommt doch bitte mal mit.«

Die Golawski deutete nach oben.

»In Ihre Wohnung?« Ich erschrak. Die Golawski hatte also doch bemerkt, dass wir in ihrem Keller waren. Wollte sie uns jetzt bestrafen?

»Ja, in meine Wohnung.«

»Ich darf nicht mit Fremden mitgehen«, sagte Juna.

»Papperlapapp«, sagte die Golawski nur. »Ihr kommt jetzt mit.« Ihr Damenbart wirkte wie ein dunkler Schatten, ihr Gesicht war ungeheuer runzlig und ihre Stimme dröhnte durchs Treppenhaus.

»Los!«, kommandierte sie und legte mir ihre Hand auf die Schulter. Sie hatte breite, schwere Hände.

Wir gingen hoch, die Golawski hinter uns wie ein Gefängniswärter – oder so, wie ich mir einen Gefängniswärter vorstellte.

Mit jeder Stufe nach oben wurde es heißer. Die Treppe kam mir ewig vor. Als wir ihre Türe erreicht hatten, schob sie uns beiseite und schloss auf.

Weil wir an der Schwelle zögerten, sagte sie: »Na, warum so schüchtern? Sonst habt ihr doch auch keine Probleme, fremdes Eigentum zu betreten.«

Juna ging voraus. Natürlich bemerkte sie sofort die ausgestopften Tiere.

»Nach rechts, bitte«, sagte die Golawski.

Wir betraten nun einen Raum, der türkisfarben gestrichen war und in dem dunkle Holzmöbel standen. An den Wänden hingen Bilder mit bunten Mustern und auf einem Sofa saß ein Mann.

»Da sind sie, Klood«, sagte die Golawski.

Klood! War das womöglich Odettes Onkel? Dr. Claude Coulibaly? Ich starrte ihn mit offenem Mund an. Es war ja das erste Mal, dass ich sein Gesicht sah. Er lächelte freundlich. Dann erhob er sich und winkte uns grüßend zu.

»Setzt euch«, sagte die Golawski.

Ich schaute mich im Raum um. In einer Ecke lehnte eine schwarz-weiße Maske, ähnlich der, die wir uns ausgeliehen hatten. Wir setzten uns auf zwei Hocker, die mit Fellen bezogen waren. In der anderen Ecke des Raumes standen zwei hohe Trommeln, ein Deckenventilator lief.

»Ihr dürft das nicht«, sagte die Golawski. Viele Erwachsene verbieten ja Dinge und man muss das nicht so ernst nehmen,

aber so wie die Golawski das sagte – obwohl wir gar nicht genau wussten, was wir nicht durften –, war es absolut total verboten.

»Nur Eingeweihte dürfen diese Masken verwenden«, fuhr die Golawski fort und wies auf die Maske in der Ecke. »Die Masken sind Geister und die Verbindung zwischen der Menschen- und der Götterwelt. Sie sind heilig. Heilig, versteht ihr. Hm, aber heutzutage ist ja nichts heilig, außer das eigene Ich, und daran wird die Menschheit noch zugrunde gehen …« Die Golawski unterbrach sich selbst. »Doch darum geht es nicht. Es geht darum: Die Masken sind tabu. Ihr dürftet sie gar nicht berühren, geschweige denn aufsetzen.«

Eine Pause entstand. Ich wusste nicht genau, was mit tabu gemeint war.

»Und was passiert, wenn man es tut?«, fragte Juna offenbar unbeeindruckt.

»Ich an deiner Stelle«, sagte Claude und lächelte auf eigenartige Weise, »würde es nicht tun. Nie im Leben.«

»Ja, Sie vielleicht!«, sagte Juna. »Aber ich, ich glaube doch gar nicht an Geister.«

Claude lächelte wieder. »Damit hat das nichts zu tun. Egal, was du glaubst. Die Geister sind da drin.« So wie Claude die letzten Worte sagte, gab es keine Widerrede. »Es kann großes Unglück bringen, wenn man die Geister erzürnt.«

»Wir wollten eigentlich niemanden erzürnen«, sagte ich. »Wir wollten nur, dass es regnet.«

»Es sollte ein Regentanz sein«, ergänzte Juna.

»Das dachte ich mir schon«, sagte die Golawski. »Ich habe euch nämlich beobachtet.«

»Sie haben uns beobachtet?«, fragte ich verblüfft. »Warum haben Sie nichts gesagt? Warum haben Sie uns tanzen lassen, wenn es doch falsch war?«

»Reine Neugier. Ich forsche schon seit längerer Zeit zu den Masken aus Burkina Faso. Ich durfte mehrmals zu Gast bei Dr. Coulibalys Familie sein und habe von ihnen diese Masken als Leihgabe bekommen.« Sie zeigte auf Claude. »Ich wollte herausfinden, was passiert, wenn Nichteingeweihte die Masken verwenden.«

Claude lächelte sanft. »Ich war davon nicht begeistert. Es war ein großes Risiko und viel hätte schiefgehen können. Masken können, wie gesagt, sehr zornig werden.«

»Das versteht ihr wahrscheinlich nicht«, sagte die Golawski. »Aber in Burkina Faso hat jede Maske ihre eigene, spezielle Bedeutung. Es sind nicht einfach nur bemalte Gegenstände. Ich erforsche die Masken der Bwa, das ist einer der ältesten Stämme Burkina Fasos. Nur bestimmte Menschen innerhalb eines Stammes dürfen die Masken herstellen, in die der Geist dann schlüpft. Das ist nicht irgendein Karneval, wie ihr vielleicht denkt.«

Sie machte eine Pause. Ich hörte, wie Juna mit den Fingern knackste.

Claude fuhr fort: »Wird eine Maske falsch verwendet und von Unwissenden – wie zum Beispiel euch Kindern – berührt, kann das schwere Folgen haben.«

»Genau«, fügte die Golawski hinzu, »alles kann sich umkehren, Gutes wird zu Bösem und Regen wird zu Feuer. Regen wird zu Feuer!« Ihre Stimme klang drohend. Ich zog den Kopf ein. Sie donnerte: »Habt ihr das verstanden?«

»Ja«, murmelte ich.

»Mh«, machte Juna.

»Dann geht jetzt!«, sagte sie und schaute uns auffordernd an. Wir standen von unseren Hockern auf. Ich wollte noch was sagen, wie »Tut uns leid« oder »Wussten wir nicht«, doch das schien niemand hören zu wollen.

»Los, los! Die Sache ist jetzt geklärt«, blaffte die Golawski. »Verschwindet!«

»Ja, gut. Auf Wiedersehen«, murmelte ich beim Rausgehen.

Juna sagte nichts. Kurz bevor wir die Wohnung verließen, blieb sie unter dem Krokodilkopf stehen und sah zu ihm hoch.

»Und ich sag dir, es ist verboten, Krokodile auszustopfen«, flüsterte sie.

»Das Krokodil ist schon vor 150 Jahren ausgestopft worden!«, hörte ich die Golawski aus dem Wohnzimmer brüllen, worauf Claude sie mit seiner sanften Stimme beruhigte.

SCHATTIGES PLÄTZCHEN

Kaum waren wir zur Tür draußen, fingen wir an zu rennen. Wir rannten die Treppe runter, indem wir jede zweite Stufe ausließen, wir rannten aus dem Haus, über die Ampel bei Rot bis in den kleinen Park gegenüber. Dort ließ sich Juna im Schatten eines Baumes ins Gras fallen. Ich dachte *schattiges Plätzchen*, musste aber nicht lachen und ließ mich ebenfalls fallen. Das Gras war vertrocknet und piksig, ein paar Meter neben mir lag vertrocknete Hundekacke.

»Glaubst du das?«, fragte Juna und wälzte sich auf den Rücken. An ihrem T-Shirt hingen vertrocknete Grashalme. »Glaubst du, dass in so einer Maske ein Geist steckt? Ich meine, *du* warst doch in der Maske drin. Du bist doch kein Geist.«

»Alles kann sich umkehren. Es hat gebrannt, anstatt zu regnen. Regen wird zu Feuer.«

»Paaah! Zufall. Ich meine …« Juna unterbrach sich und dachte nach. Ich war froh, dass sie das tat, denn ich hatte es längst aufgegeben. Sie setzte sich auf. »Das ist doch alles Quatsch. Es gibt keine Geister und keine beleidigten Regengötter. Da hat halt jemand gezündelt. Ist doch kein Wunder, dass es brennt bei dieser Hitze. Vielleicht war es ja die Golawski. Sie wollte uns halt mal ordentlich eins auswischen.«

»Quatsch. So ist die nicht.«

»Na ja, dass sie Feuer gelegt hat, glaub ich auch nicht. Aber dass sie uns die ganze Zeit hinterhergeschlichen ist, ohne was zu sagen, ist doch verrückt.«

»Wie *hobbylos,* würde Dennis jetzt sagen«, sagte ich.

»Wer ist Dennis?«

»Mein größter Feind. Stell dir vor, neulich wollte er, dass ich hinter dem Schuppen rauche.«

»Hinterm Schuppen?«

»Ja, da hockt er oft.«

»Das ist ja mal interessant. Vielleicht war es ja Dennis, der gezündelt hat. Er hätte hinter dem Schuppen ungesehen verschwinden können.«

Ich schwieg. Klar, es war eine Möglichkeit und nicht mal die schlechteste. Alles konnte ganz normal und natürlich zu erklären sein.

Nach drei Tagen war Dennis wieder da. Sein Fuß war nicht amputiert, sondern steckte in einer Schiene. Er hatte Krücken dabei. Das hinderte ihn aber nicht daran, vor dem Unterricht die Eingänge und die Klos zu checken.

Frau Fähnlein setzte ihn kurzerhand neben mich. »Du hast

einen guten Einfluss auf ihn«, sagte sie zu mir. Dennis grinste fies und ließ sich auf den Stuhl neben mir fallen.

»Ein Test noch, dann bist du dabei«, raunte er mir zu.

»Ich hab doch …«

»Kann ja sein. Aber jetzt ist eh alles zertrampelt. Der Test zählt nicht.«

»Hä, woher weißt du das? Ich meine, dass alles zertrampelt ist«, fragte ich. War das Täterwissen? Hatte er sich gerade verraten?

»Alle reden drüber. Irgendein Heini hat im Schulgarten gezündelt, heißt es. Jedenfalls kommst du nachher zur Tischtennisplatte.«

Ich wollte etwas sagen, aber Dennis tat, als höre er Frau Fähnlein zu und schrieb in sein Heft, was an der Tafel stand.

In der Pause wollte ich schnell Richtung Klo rennen, doch Dennis hielt mich auf.

»Kannst gleich mitkommen.«

Mithilfe der Krücken bahnte er sich einen Weg durch die Schüler. Es wirkte, als habe er so noch mehr Macht. Ein Junge aus der Parallelklasse wischte die Tischtennisplatte ab. Dennis schubste ihn schlecht gelaunt weg, platzierte seine *Mezzo-Mix*-Flasche und seine Chipstüte darauf und schwang sich dann selbst auf die Platte.

Dann legte er eine der Krücken wie ein Maschinengewehr an und machte: »Tschakatschkatschkarschakatschakabuffff! Verschwindet ihr hier mal alle. Ich habe jetzt eine Besprechung mit Moritz.«

»Höhö, mit Mooooritz«, machte der Junge, der die Platte abgewischt hatte.

»Klappe!« Dennis schlug mit der Krücke nach ihm, doch er rannte rechtzeitig davon.

»Ungeziefer«, sagte Dennis mit einem Blick auf den Jungen. Er verschränkte die Arme. »Was, mein lieber Moritz, hast du eigentlich am Samstag gemacht?«

»Ich? Nichts. Ich war ... Eis essen.« Ich dachte an Juna. So wenig wie nötig lügen, höchstens weglassen.

»So, Eis essen. Wo denn?«

»Im *Penny*.«

»Im *Penny*. Da gibt es doch kein vernünftiges Eis. Warst du schon mal im ICE-STORE? Dort gibt es Eis in allen Farben und allen Geschmäckern. In XXL. Aber mal im Ernst. So ein *Penny*-Eis hat man doch schnell gegessen. Und der Samstag ist lang. Ich hab gehört, du hast eine Freundin. Ist sie hübsch?«

»Ich? Eine Freundin?«

»Heißt es.«

»Wer erzählt so etwas?«

»Odette hat euch gesehen. Am Sonntag im Schwimmbad. Was das betrifft, brauchst du gar nicht zu lügen.«

»Ich lüg doch gar nicht.«

»Doch, das tust du. Sag mir, was du am Samstagvormittag getan hast.«

»Ist das schon der Test?«

»Du bist echt witzig, Moritz.«

»Ich ... meine Mutter musste arbeiten und meine Oma ...«

»Ja, ja, das interessiert mich nicht. Du hast dich auch am Samstag mit deiner Freundin getroffen, heißt es.«

»Ich habe keine Freundin.«

»Doch, hast du. Und das weiß ich nicht nur von Odette. Das sagt auch Tim.«

Meine Güte! Wer alles hatte mich noch gesehen? Und warum wollte Dennis das so genau wissen? Verdächtigten etwa alle mich und Juna, hinter dem Schuppen gezündelt zu haben? Oder wollten sie es uns in die Schuhe schieben?

»Juna wohnt bei mir im Haus.«

»So, *Juna*.«

In dem Moment kam Frau Fähnlein vorbei. Sie hatte Pausenaufsicht.

»Dennis, wie oft habe ich schon gesagt, dass die Tischtennisplatte keine Sitzbank ist. Schau mal, die Mädchen hier wollen gern spielen.«

»Ich bin verletzt«, sagte Dennis.

»Dann setz dich da auf die Mauer. Und du, Moritz, komm mal mit mir mit.«

Mir wurde schlecht vor Angst. Musste ich zum Direktor? Hatte die Polizei neue Spuren? Hielt man jetzt Juna und mich für die Brandstifter?

JUCKBOHNEN

Wir gingen gar nicht zum Direktor, sondern in den Werkraum. Dort waren Odettes Mutter und Claude Coulibaly. Was wollte dieser Professor hier? Mich noch mal schimpfen wegen der Masken? Vor Frau Fähnlein? Vielleicht kam dann raus, dass wir den Regentanz nicht bloß einfach so, sondern mit geklauten Masken gemacht hatten. Und wer klaut, kann auch Feuer legen. Erst jetzt sah ich die Palette, die auf einer Werkbank stand. Sie war voller junger Pflanzen.

»Ich habe gehört, du kennst dich gut mit Pflanzen aus«, sagte Frau Schmidt-Coulibaly.

»Mmmh, geht so«, murmelte ich.

»Und du bist ganz traurig, weil jetzt alles kaputt ist durch den Brand.«

»Ich?«, fragte ich.

»Ja, du bist doch ein Spezialist und hattest ganz zu Anfang die Idee, was anderes anzupflanzen.«

»Ach ja, hm, Katzenminze, Präriekerze, Rainfarn und so. Aber Sonnenblumen sind halt irgendwie schöner. Und man kann sich den Namen merken.«

»Aber sie brauchen zum Wachsen viel Wasser«, sagte Frau Fähnlein. »Und da die armen Sonnenblumen jetzt kaputt sind, hatte wiederum Frau Schmidt-Coulibaly eine Idee. Sie hat aus ihrem Garten Pflanzen mitgebracht, die in Westafrika gut wachsen. Wir könnten es mit diesen probieren. Das wäre doch eine originelle Idee für den Wettbewerb.«

Ich nickte stumm.

»Und du machst dir offenbar viele Gedanken um die Bewässerung«, sagte nun Herr Coulibaly. »Da kann ich vielleicht eine Kleinigkeit zur Lösung beitragen. Ich bin Biochemiker und arbeite mit meinen Kollegen an einem ganz besonderen Granulat.«

»Granulat?«

»Ein Zusatz für die Erde, damit sie das Wasser besser speichern kann. Man muss seltener gießen. Ich könnte euch für euren Garten einen Sack anbieten.«

»Es ist ... aber keine Hexerei?«, fragte ich völlig verblüfft.

Herr Coulibaly lachte. »Das mag so klingen, aber es ist reine Wissenschaft. Es gibt bestimmte, in der Natur vorkommende Stoffe, die Wasser besser speichern als die herkömmliche Erde.

»Ich dachte, Sie sind Maskenforscher.«

Herr Coulibaly lachte. »Nein, das ist Berta, also Frau Golawski. Ich bin Naturwissenschaftler. Aber weil ich in Burkina Faso aufgewachsen bin, kenne ich die Maskentänze auch. Es gibt sogar ein Festival. Wir könnten in eurem Schulgarten auch einen Tanz veranstalten, als Einweihungsfest für die neuen Pflanzen. Damit sie gut wachsen.«

»Aber …«

»Wir waren neulich etwas streng mit euch, doch ich schlage vor, wir führen einen Tanz mit mehreren Masken und echten Trommlern auf.«

»Ja!«, rief Frau Fähnlein begeistert.

»Ja, aber … ich dachte, man darf die Masken …«

»Die Masken wollen ernst genommen werden. Du hast die Masken ernst genommen«, sagte Herr Coulibaly. »Leider hat dein Regentanz nicht geklappt, aber wahrscheinlich nur, weil ihr gestört wurdet, du und deine Freundin.«

»Sie … äh. Ich …«

Odettes Mutter unterbrach mich schnell: »Guck mal, meine Pflanzen! Das ist Sorghum, das hier Okra und das sind Juckbohnen. Sorghum ist eine Art Hirse, Okra bildet Früchte ähnlich einer kleinen Paprika, sie braucht viel Wärme, aber die haben wir ja. Und die Bohnen könnt ihr an Stangen ranken lassen!«

Ich betrachtete die Pflanzen und konnte es nicht fassen. Alles wurde gut!

Die drei Erwachsenen besprachen dann noch den Termin und den Ablauf des Maskenfestes, und schließlich sagte Frau Fähnlein zu mir: »Morgen pflanzen wir alles ein!«

Auf dem Heimweg sah ich beim Blumenladen Astrid. Natürlich war ich mir nicht ganz sicher, ob sie es wirklich war, denn sie trug eine verspiegelte Sonnenbrille und ein Basecap. Ich zögerte zu grüßen, doch die Frau, die Astrid ähnelte, wandte sich zu mir um und rief: »Hi, Moritz!«

»Hallo, Astrid«, sagte ich.

»Haha, Arschtritt!«, schrie hinter mir Dennis, der auf einem E-Scooter an mir vorbeifuhr. Die Krücken hatte er unterm Arm. »Ich dachte, deine Freundin heißt Juna???«

Astrid und ich sahen Dennis nach.

»Was ist denn das für ein Vollpfosten?«, fragte Astrid.

»Ach, das ist Dennis. Geht in meine Klasse.«

»Mein Beileid. Aber schau mal. Ich hab hier für meinen Balkon diese Fetthennen gekauft. Die brauchen ganz wenig Wasser. Wäre das nicht eine gute Pflanze für euren Schulgarten? Wart, ich kaufe eine mehr, die kannst du dann haben.«

Ohne meine Antwort abzuwarten, ging Astrid zur Kasse, bezahlte und gab mir eine der Pflanzen ab.

»Danke, das wäre aber nicht …«

»Doch, doch. Wer mit solchen Menschen in der Klasse ist, hat eindeutig einen Ausgleich verdient.«

»Aber er war doch frech zu *dir* und nicht zu *mir*!«

»Ach, das bin ich gewöhnt. Seit dem Kindergarten bin ich dann und wann ›Arschtritt‹.«

Ich ging mit meiner Fetthenne nach Hause. Astrid musste noch andere Besorgungen machen und schlurfte mit ihren Glitzerflipflops in Richtung *Penny*.

Im Treppenhaus traf ich Juna.

»Was hast du da?«, fragte sie.

»Eine Fetthenne. Hat mir deine Mum geschenkt.«

»Waaas?«

»Äh, ja …« Ich stellte die Pflanze ab und setzte mich neben Juna, die auf ihrem Handy spielte.

»Iih, die Blume macht Dreck«, sagte Juna, weil ein wenig Erde aus dem Topf auf ihre Hose gefallen war.

»Darf ich auch mitspielen?«, fragte ich.

»Hm.«

»Was ist?«

»Nichts.«

Juna spielte schweigend weiter, ich saß daneben. Warum hatte Juna so schlechte Laune?

»Stell dir vor, wir haben von Odettes Mutter neue Pflanzen für den Schulgarten geschenkt bekommen.«

»Dir schenkt wohl grad jeder was.«

Stimmt! Mir schenkte grad jeder was. Das war sehr schön.

»Und Herr Coulibaly möchte einen richtigen Regentanz im Schulgarten veranstalten.«

»Ah, hm. Das möchte er?«

»Ja, mit Masken, Kostümen und richtigen Trommeln.«

»So, so.«

»Das ist doch super. Und du kannst auch mitmachen.«

»Wer sagt denn, dass ich das will?«

»Ja, willst du denn nicht?«

»Nein.«

»Aber wir haben doch ...«

»Ach, lass mich. Bei dir klappt ja wie immer alles.«

»Wie, alles?«

»Na, alles eben. Du bist Lehrerliebling ... und dann schenkt dir meine Mum auch noch eine Blume, obwohl wir null Geld übrig haben. Mir schenkt sie nie was!«

Damit stampfte Juna die Stufen hoch und verschwand in ihrer Wohnung.

Ich schaute ihr verdattert nach und schlich dann in unsere.

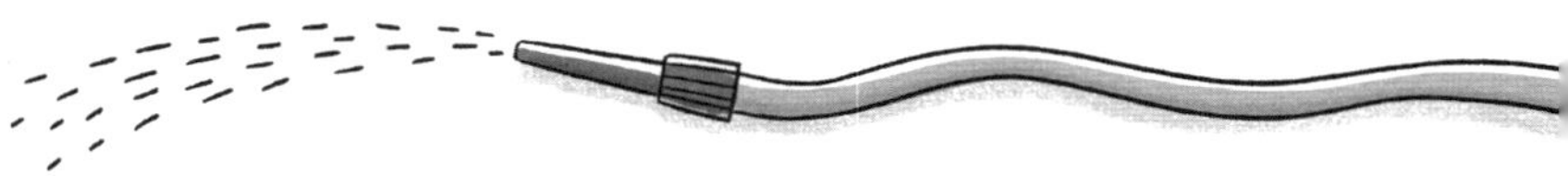

Warum war nie alles gut? Gerade als sich für alle Probleme eine Lösung aufgetan hatte, kam wieder ein neues. Juna war sauer, und zwar richtig.

»Mama, wie wenig Geld hat Juna?«

Mama machte sich gerade fertig für die Nachtschicht. Am Abend würde Oma kommen.

»Astrid und Juna? Oh, die haben nicht viel.«

»Weniger als wir?«

»Bestimmt. Astrid ist arbeitslos. Deswegen wohnen sie auch nur für den Übergang hier. Astrid will dahin ziehen, wo es billiger ist. Schon recht bald, glaub ich.«

»Und Juna?«

»Ja, die natürlich auch.«

»Echt, wusste ich gar nicht.«

»Ja, ich glaub, in den Sommerferien. Hat Juna dir das gar nicht erzählt?«

Ich schüttelte den Kopf. Juna würde also wegziehen.

»Habt ihr gestritten?«, fragte Mama und nahm ihre Tasche.

»Mh.«

»Ihr solltet euch wieder vertragen. Juna hat's nicht so leicht.«

Danach kam Oma, wir schauten zusammen eine Quizsendung. Ich ging früh schlafen.

Am nächsten Tag in der Schule pflanzten wir die neuen Gewächse ein.

Schon um neun Uhr morgens knallte die Sonne in unseren Schulgarten und ließ das Thermometer auf fast 30 Grad steigen.

»Es ist zu heiß«, jammerte Anna-Lynn.

Ich kniete neben Odette. Sie pflanzte in einem Beet Hirsehalme ein, die ihre Mutter vorgezogen hatte, ich setzte daneben Juckbohnen.

Dennis lümmelte unter einem Apfelbaum und trank *Mezzo Mix*. Er rührte keinen Finger.

»Los, Dennis, mach dich nützlich«, sagte Frau Fähnlein.

Dennis grummelte irgendwas, was wie »schwule Blumen« und »Bänderriss« klang, aber Frau Fähnlein hörte die Antwort nicht.

Jetzt näherte er sich mit seinen Krücken mir und Odette.

»Na, Moritz, wer ist jetzt deine Freundin? Odette, Juna oder Arschtritt?«

Anna-Lynn, die gerade mit der Gießkanne ankam, hatte das gehört und lachte sich krumm. »Odette die Freundin von Moritz! Haha!«

»Odette, Juna oder Arschtritt! Moritz, der Weiberheld!« Dennis lachte sich krumm.

Odette richtete sich auf. »Dennis, kannst du jetzt mal aufhören? Sonst sag ich nämlich, wo ich dich am Samstagmittag gesehen hab.«

Dennis nahm einen Schluck aus seiner Flasche. »So? Wo hast du mich denn gesehen?«

»Das weißt du ganz genau. Und jetzt hau ab hier, wenn du diesen Vormittag lebend überstehen willst.«

Dennis machte ein finsteres Gesicht und verzog sich.

Ich beugte mich zu Odette und fragte sie leise: »Wo hast du ihn denn gesehen?«

»Na, als die Polizei und die Feuerwehr kamen, sind wir natürlich alle hierhergelaufen, um zu sehen, was los ist.« Odette wohnte wie Anna-Lynn und Dennis in dem Wohnblock, der sich gleich hinter der Schule befand. »Und da hab ich gesehen, wie Dennis dahinten über den Zaun gesprungen ist.«

»Wo?«

»Da drüben.« Juna zeigte in Richtung des abgebrannten Schuppens. »Wenn man dort hinter dem Schuppen über den Zaun steigt, landet man auf dem Gelände einer Firma. Es ist sozusagen der zweite Geheimausgang aus der Schule.«

»Aber …«

»Und da frage ich mich eben, was Dennis am Samstagmittag im Schulgarten verloren hat.«

»Hm.«

»Ich hab sogar gesehen, wie er umgeknickt ist beim Springen. Geschieht ihm recht. Er ist in der Falle.«

»Willst du ihn verpfeifen?«

»Das muss ich gar nicht. Es haben ihn ja auch andere gesehen. Und er hat nicht nur Freunde, das kannst du mir glauben.«

Ich glaubte das gern.

»Jedenfalls soll er dich mal in Ruhe lassen. Ich weiß gar

nicht, wieso Frau Fähnlein ihn neben dich und Tim neben mich gesetzt hat. Ich meine, merkt sie nicht, dass Dennis nur aus einem einzigen Grund gute Noten hat?«

Ich zuckte mit den Schultern. »Na ja, ich hab irgendwie gehofft, es würde ihn milde stimmen, wenn ich ihn abschreiben lasse.«

»Nichts stimmt Dennis milde, merk dir das. Und ich sitze neben Tim, diesem Trottel. Wie schön war das in Mathe neben dir!« Odette wischte sich die Erde von den Händen und sah mich an. Ihre Wimpern kräuselten sich in all ihrer Pracht.

»Echt?«

»Ja, Mann. Du bist echt der beste Sitznachbar auf der Welt. Du bist schlau, still und hast eine schöne Schrift. Außerdem hast du süße Ohren.«

»Ich?« Ehrlich, ich hatte mir noch nie Gedanken über den Süßheitsgrad meiner Ohren gemacht.

»So, jetzt alle mal herhören!«, rief Frau Fähnlein. »Wir gießen jetzt unsere Anpflanzungen und dann geht ihr zurück ins Klassenzimmer! Vorher bitte Hände waschen!«

Odette sprang auf und holte sich eine Gießkanne. Ich trabte hinterher, am Wasserhahn gab es Stau. Irgendwie verschwand die zauberhafte Odette danach aus meinem Blick und ich sah sie erst beim Mittagessen wieder. Da saß sie aber neben Anna-Lynn und war in ein Gespräch vertieft. Ich hätte so gern noch etwas zu ihr gesagt, aber ich wusste nicht, was.

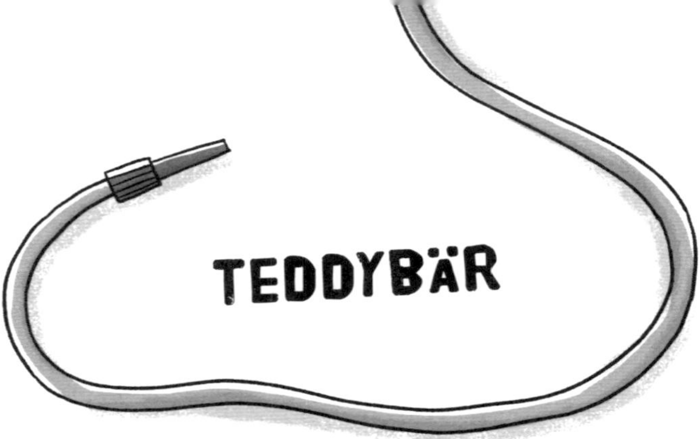

TEDDYBÄR

Die Woche verging ohne weitere Ereignisse. Es blieb immer ungefähr gleich heiß, wir gossen unsere neuen Pflanzen und ab Mittag hatten wir Hitzefrei. Nachmittags ging ich mit Mama ins Schwimmbad; Juna sah ich all die Tage kein einziges Mal.

»Ihr solltet euch wieder vertragen«, wiederholte Mama.

Eigentlich war ich ihrer Meinung, aber ich fand, Juna war an der Reihe.

Doch dann kam alles anders.

Am Freitag vor dem geplanten Maskenfest kam Herr Coulibaly noch mal in die Schule, um ein paar Kleinigkeiten mit Frau Fähnlein zu besprechen. Wir hatten inzwischen Aufgaben verteilt: Es sollte Kuchen mitgebracht werden, Obst und Salate, Getränke und Buletten. Herr Coulibaly war mit der Golawski im Lieferauto gekommen und lud zusammen mit ihr die Masken und Kostüme aus, um sie für einen Tag im Werkraum zu deponieren.

»Hallo, Moritz!«, rief mir Herr Coulibaly zu. Die Golawski war zum Glück schon im Werkraum verschwunden – ich hatte ihr nur kurz zugenickt. Er setzte eine verpackte Maske vor mir ab. »Wo ist denn eigentlich deine Freundin? Ich sehe sie nie hier.«

»Sie geht in eine andere Schule«, erklärte ich.

»Dann macht sie ja gar nicht mit!«, rief Herr Coulibaly aus.

Ich schüttelte den Kopf.

»Das ist aber schade. Ich würde sie sehr vermissen. Kannst du sie nicht einladen?«

»Doch, könnte ich schon«, sagte ich.

»Das wäre wunderbar, sie ist sehr …« Er suchte nach dem richtigen Wort. »Keck. Also, bis morgen«, sagte Herr Coulibaly, hob die verpackte Maske an und schleppte sie weiter.

Ich merkte erst jetzt, wie leer das Treppenhaus ohne Juna war. Niemand begrüßte mich, niemand teilte mir die Temperatur mit und niemand fragte nach der Entstehung von Löchern in der Luft. Vor ihrer Wohnungstür blieb ich stehen und wischte mir den Schweiß von der Stirn.

Warum war es so schwer, Frieden zu schließen? Ich hatte sogar ein Geschenk dabei: Von meinen *Teddybär*-Sonnenblumen hatte ich ein paar abgezweigt und in einen kleinen Blumentopf gepflanzt. Aber irgendwie fürchtete ich, Juna

damit nicht besänftigen zu können. Vielleicht wollte sie keinen Frieden. Mama hatte mir erklärt, das sei durchaus möglich.

»Manche Leute streiten, bevor sie sich verabschieden müssen, damit sie nicht traurig sind.«

»Wie dumm«, hatte ich gesagt.

»Ich glaube, es ist eher schlau«, hatte Mama geantwortet und mir über den Kopf gestreichelt.

Ich zähle bis drei, dachte ich. Dann läute ich.

Eins ...

Zwei ...

Da wurde die Türe aufgerissen.

»Warum läutest du nicht?«, fragte Juna und schaute mich grimmig an.

»Weil ich wusste, dass du schlechte Laune hast.«

»Ich habe keine schlechte Laune. Ich habe nie schlechte Laune.«

Vorsichtshalber antwortete ich nichts, sondern betrachtete die Sonnenblumenpflanzen. Ich muss es ihr geben, dachte ich und streckte langsam meinen Arm aus. Geschenke seien wichtig, hatte Mama gesagt.

»Mögen die Bienen«, erklärte ich und hielt ihr den Blumentopf hin.

»Ich habe eine Bienenallergie«, sagte Juna.

Alles war falsch. Wahrscheinlich mochte sie gar keine Pflanzen. Sie konnte ja nicht mal Gras von Klee unterscheiden.

»Aber so eine Scheiße«, sagte Juna jetzt plötzlich mit lauter Stimme. »Da habe ich mal jemanden gefunden, mit dem ich halbwegs was anfangen kann, da will meine Mum umziehen. Aufs Land, kannst du dir das vorstellen? Weil dort die Mieten billiger sind.«

»Oh«, sagte ich. Ich wusste nicht, was ich sonst sagen sollte. »Juna, ich möchte dich einladen.«

»Wozu denn?«

»Zum großen Maskenfest. Morgen. Im Schulgarten.«

»Oh! Danke.«

»Bitte.«

Ein Schweigen entstand.

»Kannst du denn?«, wollte ich wissen, weil Juna etwas zögerlich wirkte.

»Na klar.«

Ich nickte, Juna nickte auch. Wieder herrschte Schweigen.

»Heute ist der Tag«, sagte Juna dann.

»Was für ein Tag?«

»An dem es im Treppenhaus genauso warm ist wie in der Wohnung. Ich frage mich, wann es auch im Keller so heiß wie überall ist.«

»Ja, ich mich auch. Aber wir machen ja morgen einen Regentanz.«

»Ach, stimmt.« Juna kratzte sich am Kopf. »Wenn nicht wieder ein Feuer ausbricht. Magst du mit meinem Handy spielen?«

Ich nickte und wir spielten den ganzen Nachmittag.

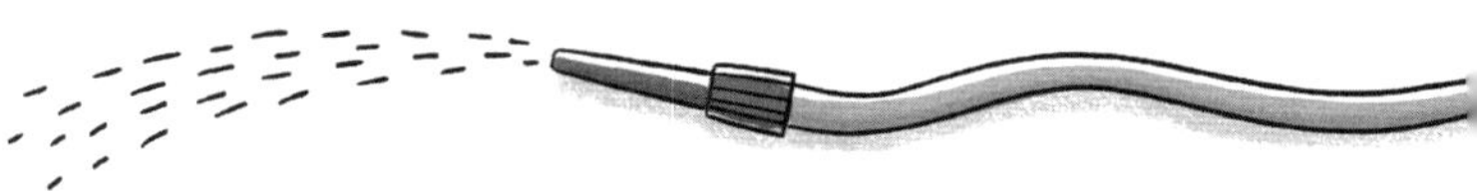

Der nächste Tag brach alle Rekorde. Die Sonne stach unerbittlich vom Himmel herunter, als wüsste sie, dass es ab 18 Uhr nichts mehr für sie zu lachen gab.

Im Radio wurden neue Hitzerekorde angekündigt, es wurde darauf hingewiesen, auf keinen Fall im Wald zu grillen oder Zigarettenstummel fallen zu lassen, und es wurde von vertrockneten Getreidefeldern berichtet, von leeren Flüssen, umgekippten Seen und gestressten Stadtbäumen. Mama schaltete das Radio aus.

Unser Fest sollte um 15 Uhr beginnen, weil es am Nachmittag im Schulgarten schattiger war. Juna und ich transportierten mit dem Bollerwagen zwei Kästen Apfelschorle zur Schule. Frau Fähnlein war in heller Aufregung und legte weiße Tischdecken auf die Biertische, die sie zusammen mit den Schülern aus dem Werkraum geholt hatte. Ständig machte sie Fotos von den Arbeiten und den Pflanzen, die allerdings noch nicht besonders groß waren.

»Vorsicht auf die Beete!«, rief sie allen zu, die im Garten herumliefen.

Jemand hatte eine Fahne von Burkina Faso aufgehängt und jemand anderes daneben eine Deutschlandfahne.

»Was ist denn das?«, fragte Anna-Lynns Mutter und beobachtete, wie Odettes Mutter eine Schüssel auf den Tisch stellte.

»Das ist To, ein Gericht aus Burkina Faso.«

»Ah. Und der Tanz nachher? Anna-Lynn hat was von Masken erzählt. Das wird die Kinder doch wohl nicht erschrecken?«

»Das wird ein Regentanz«, erklärte Odette, die ihrer Mutter

half. Juna und ich waren gerade angekommen und luden die Saftschorlen aus dem Bollerwagen.

»Und dann regnet es?«, fragte Anna-Lynns Mutter.

»Bestimmt«, sagte Odette.

»Meine Wetter-App sagt davon nichts«, sagte Anna-Lynns Mutter und lächelte ein wenig mitleidig.

Odette sah jetzt zu mir. »Oh, hallo!« Ihr Blick traf Juna. Ich erschrak. Daran hatte ich gar nicht gedacht. Odette betrachtete Juna von oben bis unten. »Du bist Juna, oder? Mein Onkel hat schon von dir erzählt.«

Ich starrte Odette an. Was hatte Herr Coulibaly getan? Hatte er womöglich erzählt, dass Juna und ich auf dem Schulgelände einen Regentanz aufgeführt hatten? Wo doch eigentlich ausgemacht war, dass darüber nicht groß gesprochen werden sollte?

»Er ha-hat ... was?«, stammelte ich.

Odette sah sich um und flüsterte: »Ich sag schon nichts. Es bleibt unser Geheimnis.«

Es kamen immer mehr Leute, auch Mama entdeckte ich zwischen den anderen Eltern. Junas Mum war nicht gekommen.

»Es sei ja nicht meine Schule und sie kenne hier niemanden«, erklärte Juna.

Ich nickte und sah, wie sich Dennis ein Stück Kuchen vom noch nicht eröffneten Buffet stibitzte.

Um vier hielt Frau Fähnlein eine kleine Rede, in der sie über den Schulgarten-Wettbewerb sprach, den Brand und den Ablauf des kleinen Festes.

»Der Höhepunkt des Nachmittags ist dann der Regentanz

mit Originalmasken aus Burkina Faso. Ich danke den Tänzern, Dr. Berta Golawski, Kulturwissenschaftlerin, für die freundliche Leihgabe der Masken und Kostüme, Frau Schmidt-Coulibaly für die Bereitstellung der neuen Pflanzen und ganz besonders Dr. Claude Coulibaly für die großzügige Spende von *Biogel*, seiner Erfindung! *Biogel* ist ein Granulat aus nachwachsenden biologischen Rohstoffen, das die Fähigkeit hat, Wasser zu speichern, und so das Gießen reduziert. Einige Schüler werden darüber nicht unglücklich sein …« Sie warf einen Blick auf Tim, der sich aber nicht angesprochen fühlte.

»Nach einer kleinen Stärkung am Buffet im Anschluss an meine Rede folgt gegen 18 Uhr der Tanz. Ich bitte alle, den hinteren Teil des Gartens frei zu lassen für die Tänzer. Die Kinder werden noch Bierbänke für die Zuschauer aufstellen. Ich wünsche viel Spaß bei einem Tanz mit Originalmasken, Kostümen, Trommeln und Tänzern aus Burkina Faso. Tatsächlich werden dort solche Tänze unter anderem als Regentänze aufgeführt. Vielleicht wirkt es tatsächlich, wir hätten es bitter nötig.« Einige lachten. Frau Fähnlein fuhr fort. »Also hoffe ich, dass alle Gäste Schirme dabeihaben!« Jetzt lachte auch sie und alle lachten mit.

»Sie glauben es alle nicht«, sagte ich zu Juna, die neben mir saß.

Sie sah hoch zum Himmel, der blass und dunstig wirkte. Von Wolken war keine Spur.

»Ich glaube, ich glaube es auch nicht.« Juna scharrte mit ihren Flipflops im staubigen Boden.

Ich widersprach ihr nicht gern. Trotzdem antwortete ich: »Aber ich. Ich glaube, dass ich es glaube. Nein, ich weiß, dass ich es glaube. Und ... ich glaube es nicht nur, ich weiß es.«

»Was?«

»Dass es regnen wird.«

»Das kannst du nicht wissen.«

»Doch. Es wird regnen«, sagte ich. »Herr Coulibaly sagt das auch.«

Juna schüttelte den Kopf und murmelte: »Die Golawski hat es vorhin auch gesagt.«

»Ach, die Golawksi.«

Dann eröffnete Frau Fähnlein das Buffet.

SO, KOSTÜME ANZIEHEN!

Alle sprachen über den gleich stattfindenden Tanz.

»Drollige Idee«, sagte einer.

»Folklore«, ein anderer.

»Immer dieses Klimagefasel«, sagte eine Frau.

»Ja, das kann man schon nicht mehr hören«, sagte Anna-Lynns Mutter.

»Wo ist eigentlich Burkina Faso?«

»Ein bisschen mehr Wärme schadet hier auch nicht. Braucht man nicht mehr nach Italien zu fahren.«

»Also, diese afrikanische Kultur, die mag ich.«

»Und ich das Essen.«

Herr Coulibaly kam auf uns zu. »Wir fangen bald an. Ich habe für euch die kleinsten und leichtesten Masken ausgesucht.«

»Wir dürfen auch mitmachen?«, fragte ich verblüfft. »Obwohl wir nicht eingeweiht sind?«

»Berta ist ein bisschen streng.« Herr Coulibaly lachte. »Außerdem, das müsstest ihr eigentlich schon bemerkt haben, hasst Berta Kinder.«

Er führte uns zum Schuppen. Wir tappten hinterher.

»Siehst du?«, flüsterte mir Juna ins Ohr. »Wie die Hexe von Hänsel und Gretel.«

Ich schwieg. Wieder mal hatte Juna das letzte Wort.

Wir schauten uns um: Die verkohlten Bretter waren weggeräumt, der Hausmeister hatte ein provisorisches Dach gezimmert. Auf dem Boden lag noch der Deckel einer *Mezzo-Mix*-Flasche, eine leere Chipstüte steckte zwischen zwei Holzlatten.

»Alle lassen ihren Müll liegen«, sagte die Golawski, die im improvisierten Schuppen mit den Masken und den Kostümen stand. Sie warf uns nur einen kurzen Blick zu. Die anderen Tänzer, alles Erwachsene, erschienen nun ebenfalls im Schuppen und schnappten sich ihre Kostüme. Die Golawski begrüßte sie sehr herzlich und sprach Französisch mit ihnen. Dann zeigte sie mit spitzem Finger auf Juna und mich.

»17 Uhr 45«, rief sie mit Kommandostimme und pfiff in eine Trillerpfeife. »So, ihr zwei, Kostüme anziehen und fertig machen für den Auftritt! Ihr Kinder bleibt im Hintergrund. Für euch sind die Masken ohnehin viel zu schwer. Den richtigen Tanz machen ausschließlich die Erwachsenen. Und mit ausschließlich meine ich ausschließlich.«

Herr Coulibaly half uns, die Kostüme anzuziehen. Mir war schon nach einer Minute unerträglich heiß und das zottelige Gewand juckte auf meiner Haut. Die Tänzer halfen sich gegenseitig beim Umziehen. Es gab eine Affenmaske mit braunem, eine sehr lange und hohe Krokodilmaske mit türkisfarbenem, eine Antilopenmaske mit gelbem und eine Büffelmaske mit lila Kostüm. Juna und ich trugen Eulenmasken und dunkelgrüne Zotteln. Eine Minute vor sechs waren alle bereit. Schlag sechs setzte die erste Trommel ein und wir marschierten los.

Der Rhythmus war ganz anders als der von Juna erfundene. Es gab auch nicht nur die Trommel, sondern auch einen Musiker, der eine Rassel spielte und in eine Flöte blies. So bewegten wir uns in einer Reihe Richtung Publikum, das im Garten auf Bierbänken unter den Apfelbäumen saß.

Wir stampften im Takt und schüttelten unsere Zotteln. Juna hatte sich, obwohl es die Golawski verboten hatte, nach vorne geschoben und tanzte mit dem lila Büffel. So fasste auch ich Mut und hängte mich an die Fersen der Antilope. Wir drehten uns umeinander, das Trommeln wurde lauter, das Pfeifen der Flöten schriller, auch das Publikum klatschte und stampfte.

Ich weiß nicht, wie lange wir so tanzten. Mein ganzer Körper war glitschig vom Schweiß, das Zottelkostüm kratzte, ich konnte kaum mehr die Maske halten, doch die Trommler hörten nicht auf, im Gegenteil.

Wir tanzten und tanzten, ich sah Juna, die Eule, sie taumelte, alle schienen zu taumeln, sich aber gleichzeitig immer schneller zu drehen.

Da auf einmal blitzte es hell auf. Eine Viertelsekunde schienen alle in ihrer Bewegung wie eingefroren und irgendwie bläulich erleuchtet.

Krawummmmmmmm!

Der Donnerschlag folgte eine Sekunde später. Ich ließ die Maske fallen und schaute zum Himmel. Er war tiefgrau, fast lilaschwarz. Wieder blitzte es. Das Publikum war aufgesprungen und suchte beim Schuppen Schutz, andere liefen zum Hortgebäude, denn schon fielen die ersten dicken Tropfen. Hastig hob ich die Maske wieder auf.

»Schnell, die Kostüme!«, rief Herr Coulibaly von irgendwoher. »Sie dürfen nicht nass werden!«

Da sah ich Juna: Auch sie rannte, aber nicht zum Hortgebäude, sondern zum Schulhaus.

»In die Schule!«, rief ich den anderen Tänzern zu und wir rannten quer über den Hof zum Eingang der Schule.

Jetzt prasselte der Regen richtig. Die Tänzer zogen im Foyer der Schule die Kostüme aus, Juna legte ihr Kostüm neben meines.

»Es regnet«, sagte sie.

»Und wie«, antwortete ich.

Zur Tür kamen immer mehr Menschen herein, die Trommler und Leute aus dem Publikum, die Luft wurde rasch sehr stickig.

»Komm hoch«, sagte ich zu Juna und wir stiegen die Treppe in den ersten Stock hoch. Juna lief zum Fenster am Ende des Flurs.

»Sie tanzen alle!«, rief sie.

Ich trat hinter sie, um auch hinausschauen zu können. Tatsächlich sprangen unten fast alle Kinder und auch einige Eltern im Hof herum und schrien und johlten. Im Nu hatten sich riesige Pfützen gebildet; ein Junge wälzte sich darin, andere hüpften um ihn herum. Eine Mutter schüttelte ihr klatschnasses Haar herum wie bei einem Heavy-Metal-Konzert, ein Vater lag flach auf der Tischtennisplatte und sperrte den Mund auf, damit es hineinregnete. Ein Kind stand unter dem Wasserfall, der sich an der

kaputten Regenrinne gebildet hatte, zwei Jungs bespritzten sich mit Wasserspritzpistolen, Odette rannte mit ihrer Mutter barfuß über den Hof und wieder zurück, alle lachten und hüpften, nur Anna-Lynn stand ein wenig beleidigt bei ihrer Mutter unter einem Vordach und versuchte, nicht nass zu werden.

Tim schlitterte auf einer Schlammspur über den Rasen, eine Taube schwamm wie eine Ente in einer Pfütze, der Schulleiter trug einen großen schwarzen Schirm und verschwand hinter dem herabfließenden Wasser wie hinter einer Wand. Die Muffins ertranken in einem See, der sich auf dem Blech gebildet hatte, und die Männer mit den Masken standen aufgereiht an die Hauswand gepresst unter dem

Schuldach. Irgendwo in einer Ecke stand Dennis und filmte alles mit dem Handy.

Nach einer Weile verschwanden die Männer im Schulhaus, um die Masken abzulegen und zu verpacken. Danach räumten wir alle Tische mit Essen und Trinken in das Hortgebäude, wo wir im großen Gemeinschaftsraum weiterfeierten. Es wurde das tollste und rauschendste Fest, das je an unserer Schule gefeiert wurde. Das behauptete zumindest Frau Fähnlein, während sie mit einem Turban um ihre nassen Haare die durchweichten Muffins aus ihren Förmchen kratzte.

WAS GUT IST

Es regnete eine ganze Woche. Schon nach zwei Tagen hatten Juna und ich genug davon und langweilten uns abwechselnd bei mir oder bei ihr zu Hause.

»Scheißwetter«, sagte Juna am siebten Regentag.

»Eigentlich ist es gutes Wetter.«

»Was ist das für eine Welt?«, sagte Astrid. »Wo plötzlich schlechtes Wetter gutes Wetter ist?«

»Eine Scheißwelt, wenn alles Schlechte gut sein soll. Zum Beispiel, dass wir aufs Land ziehen. Das soll plötzlich gut sein.«

Astrid schaute auf. »Ich habe da noch eine Überraschung für dich, Juna. Wir müssen nicht umziehen.«

»Was?«

Astrid lachte. »Wir brauchen nicht aus der Wohnung raus.«

»Nicht raus? Du meinst, wir können hierbleiben?«

»Ja, die Golawski hat mal mit dem Eigentümer gesprochen. Sie kennt ihn gut. Sie hat sich für uns eingesetzt, dass wir bleiben können, wenn wir wollen.«

»Die Golawski hat das für uns getan?«, fragte Juna. »Wir müssen wirklich nicht weg? Dann ist sie gar nicht nur böse?«

Junas Mum lachte. »Nein, sie ist nicht böse. Sie hat nur manchmal schlechte Laune.«

Im Schulgarten hatten wir jetzt eine Burkina-Faso-Abteilung und einen Teil mit den heimischen Pflanzen. An den Zaun aber hatten wir die von mir auf dem Balkon gezüchteten Sonnenblumen gesetzt, und sie wuchsen prächtig. Frau Fähnlein hatte unser Garten-Konzept mit Fotos, Zeichnungen von Odette und Videos vom Tanz beim Wettbewerb eingereicht. Und dann waren erst mal Sommerferien. Mama und ich fuhren ans Meer und nahmen Juna mit, weil ihre Mutter einen neuen Job in einem Second-Hand-Laden bekommen hatte und gleich anfing.

Zwei Wochen nach den Ferien kam Frau Fähnlein mit einem Umschlag in den Händen zur Tür herein.

Dennis war gerade mal wieder dabei, Tims Federmäppchen aus dem Fenster zu schmeißen und Anna-Lynn stand auf dem Tisch und filmte den Vorgang.

»So, setzt euch mal alle.«

»Dennis hat mein Federmäppchen aus dem Fenster geschmissen«, schrie Tim.

»Ja, und Anna-Lynn hat es gefilmt. Dennis, du gehst jetzt runter und holst das Mäppchen. Du, Anna-Lynn, löschst das

Video und bringst mir bitte dein Handy. Du bekommst es, bevor du nach Hause gehst, zurück.«

Dennis maulte, Anna-Lynn maulte. Aber beide taten, was Frau Fähnlein gesagt hatte. Dennis schlurfte hinkend aus dem Klassenzimmer. Sein Fuß war immer noch nicht ganz in Ordnung.

»Keine Kaffeepause unterwegs, bitte!«

»Ja, ja«, nuschelte Dennis und verschwand.

Frau Fähnlein räusperte sich. »Ihr ahnt bestimmt, was in diesem Umschlag ist.« Sie wedelte damit. Der Umschlag war grün und in einer Ecke war eine Blume aufgedruckt.

»Sicher Geld!«, rief Tim und wollte sich schon fast totlachen über seinen eigenen Witz.

»Auch«, sagte Frau Fähnlein und Anna-Lynn rief: »Was? Geld?«

»Haben wir gewonnen?«, fragte Odette.

Frau Fähnlein lächelte. »Leider sind wir nicht unter den ersten drei Plätzen. Aber wir haben den Klima-Sonderpreis bekommen. Weil wir uns durch die Pflanzen aus Burkina Faso und den Regentanz am deutlichsten auf den Klimawandel bezogen haben. Deswegen haben wir 200 Euro für unsere Klassenkasse bekommen und die Schule weitere 200 Euro für den Schulgarten.«

Alle jubelten und klatschten und sprangen von ihren Stühlen auf.

»200 Euro!«

»Juchuh!«

»Sonderpreis!«

»Geilomat!«

»Alteeeea!«

»So viel!«

»Wir kaufen dafür hundert Packungen Chips!«

Als sich alle wieder so halbwegs beruhigt hatten, ging die Tür auf und Dennis schlurfte mit dem Mäppchen herein.

»Da unten waren lauter Brennnesseln.«

»Ey, Dennis, wir haben gewonnen!«

»Hä? Was gewonnen?«

»200 Euro!«

Dennis legte das Mäppchen, ohne was zu sagen, auf Tims Tisch und ließ sich auf seinen Stuhl fallen.

»Schauen Sie, Frau Fähnlein, lauter Pusteln. Ich glaube, ich bin allergisch.«

»Die verschwinden schon wieder. Vielleicht solltest du eben genauer zielen, wenn du wirfst. Oder gar nicht werfen. Die Möglichkeit gäbe es theoretisch auch.«

Dennis rümpfte die Nase.

»Aber jetzt noch mal für dich: Wir haben beim Schulgarten-Wettbewerb den Klima-Sonderpreis gewonnen. Ich bin sehr stolz auf euch alle, dass wir den Garten und das Fest so toll hinbekommen haben. Das waren ja wirklich erschwerte Bedingungen.«

Wieder jubelten alle.

»Hm, ich glaub, ich hab noch nie einen Preis gewonnen«, murmelte Dennis.

»Es gibt ja auch nicht sooo viele Preise für Blödheit«, flüsterte mir Odette ins Ohr, die, ich weiß nicht wie, aber durch irgendeinen glücklichen Zufall auf dem Platz neben mir gelandet war.

Doch Frau Fähnlein hatte sich schon wieder von Dennis abgewandt und kam durch die Reihen auf Odette und mich zu.

»Ja, und dann gibt es noch das Angebot für einen ganz besonderen Workshop im Botanischen Garten, der aber leider auf zwei Schüler pro Klasse beschränkt ist. Er findet in zwei Wochen an zwei Vormittagen statt. Dafür habe ich Odette und Moritz vorgeschlagen, weil sich die beiden am meisten für das Garten-Projekt engagiert haben. Ihr seid an den betreffenden Tagen vom Unterricht befreit und dürft im Botanischen Garten experimentieren. Hier sind eure Unterlagen dazu.«

Frau Fähnlein legte uns ein paar Zettel auf den Platz.

»Herzlichen Glückwunsch euch beiden. Ihr habt wirklich viel für unser Projekt getan und wir haben es euch zu verdanken, dass wir den Sonderpreis gewonnen haben. Vielen, vielen Dank, Odette und Moritz!«

»Danke auch«, sagten Odette und ich wie aus einem Mund. Dann sahen wir uns an und Odette lächelte mich an, wie sie mich noch nie angelächelt hatte.

Ja, so war auf einmal alles in Ordnung. Juna blieb da und Odette und ich durften zusammen an einem Workshop im Botanischen Garten teilnehmen. Sogar Dennis verhielt sich zwei bis drei Tage lang normal. Mit stolz geschwellter Brust lief er herum und verkündete jedem, *er* habe den Wettbewerb gewonnen. Dass er mich in seine Gang aufnehmen wollte, hatte er zum Glück vergessen.

Es hatte endlich ausreichend geregnet. Wir durften aufschnaufen. Die Pflanzen wuchsen, obwohl wir uns bereits in der nächsten Hitzewelle befanden. Und auf meinem Balkon standen *Teddybär*, *Vanilla Ice* und *King Kong* in voller Blüte.

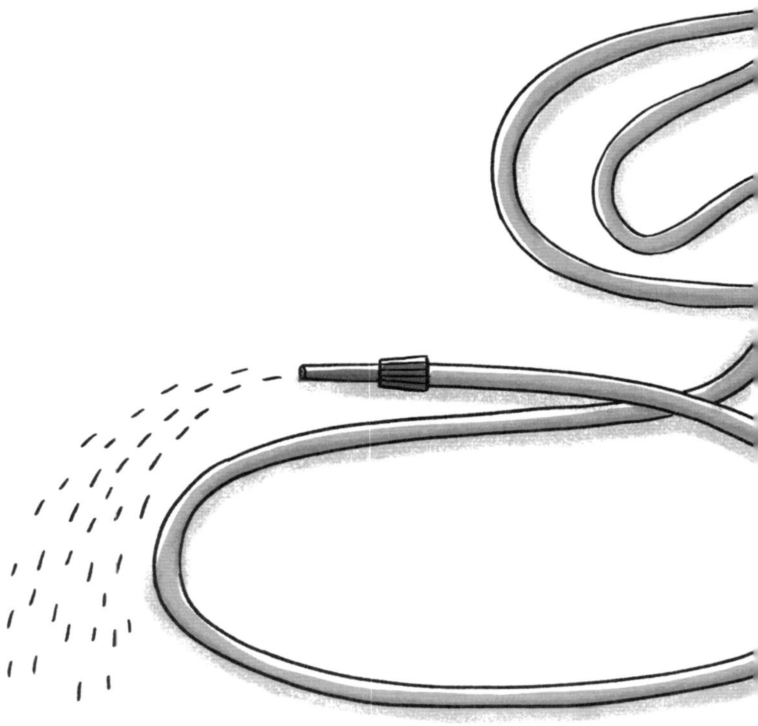

DANK

Ich danke ganz besonders Frank Griesheimer, der mir bei diesem Projekt sehr geholfen hat. Außerdem danke ich meinem Mann für seine Liebe und Güte und sein positives Weltbild.

Meine Informationen über die Masken aus Burkina Faso bezog ich zum größten Teil aus dem wunderbaren Bildband *Die Regenmacher – Maskenzauber und Stammesriten* von Tiziana & Gianni Baldizzone (Flammarion 2003), den ich beim Stöbern in einem Antiquariat in Göttingen während einer Lesereise gefunden habe.

INHALT

Die Golawski 7
Keks unter Baum 15
You failed 20
Such dir was aus 28
Kellermonstergeisterratten 36
Frohe Zukunft 43
Mutproben aller Art 53
Geist mit Sneakers 65
Du sollst nicht gießen 70
Karawane durch die Wüste 82
Buuum takatak buuum 90
Kreuzverhör 99
Rückholaktion 108
Feuer und Regen 120
Schattiges Plätzchen 131
Juckbohnen 136
Teddybär 146
So, Kostüme anziehen! 154
Was gut ist 161

MARTINA WILDNER wurde 1968 im Allgäu geboren. Nach diversen Praktika bei Bildhauern im Allgäu und einer ausgedehnten Orientreise begann Martina Wildner ein Studium der Islamwissenschaften, bevor sie sich ab 1991 wieder der Kunst zuwandte und ihr Diplom in Grafikgestaltung in Nürnberg ablegte. 2003 erschien ihr erstes Buch, seither wurde sie für ihre Werke unter anderem mit dem Peter-Härtling-Preis und dem Deutschen Jugendliteraturpreis ausgezeichnet. Martina Wildner ist inzwischen mit ihrer Jugendliebe verheiratet, hat drei Töchter und lebt in Berlin.

www.marimawi.de

DANIELA KOHL, geboren 1972, lebt als freie Illustratorin und Grafikerin mit Mann, Hund und Schildkröte über den Dächern von München. Bekannt wurde sie mit ihren Illustrationen zu der Reihe *Mein Lotta-Leben* von Alice Pantermüller. Für das Hanser Kinderbuch illustrierte sie *Die Tornadojäger* von Ross Montgomery.

www.heutebunt.de

»Ella gehört zu den wenigen Schulgeschichten, die man auch in den Ferien lesen will!«

Die Zeit

Im Hanser Kinderbuch bereits erschienen:
»Ella in der Schule« (2007)
»Ella in der zweiten Klasse« (2008)
»Ella auf Klassenfahrt« (2009)
»Ella und der Superstar« (2010)
»Ella in den Ferien« (2011)
»Ella und die falschen Pusteln« (2012)
»Ella und der Neue in der Klasse« (2013)
»Ella und das große Rennen« (2013)
»Ella und der Millionendieb« (2014)
»Ella und ihre Freunde außer Rand und Band« (2014)
»Ella und die Ritter der Nacht« (2015)
»Ella und die 12 Heldentaten« (2016)
»Ella und das Festkonzert« (2016)
»Ella und das Abenteuer im Wald« (2017)
»Ella und der falsche Zauberer« (2018)
»Ella und ihre Freunde als Babysitter« (2020)
»Ellas Klasse und der Wundersmoothie« (2021)
»Ella und ihre Freunde retten die Schule« (2021)
»Ellas Klasse und die gigantische Weihnachtsfeier« (2022)

Von Timo Parvela
Schwarz-weiß illustriert von Sabine Wilharm
Alle Bände je 144–176 Seiten, gebunden
Auch als Hörbücher und E-Books lieferbar

Ich bin Mattis. Und meine Mutter glaubt, ich werde ein Schwerverbrecher.

Eigentlich hat Mattis richtig gute Ideen: Zum Beispiel hilft er seinen Mitschülern stillzusitzen, indem er sie mit Sekundenkleber an Tischen und Stühlen festklebt! Blöd ist nur, dass der Lehrer das nicht kapiert und mal wieder einen Brief an seine Eltern schreibt. Mattis muss das zu Hause unbedingt richtigstellen – aber das tut er garantiert auf die originellste Weise! Ein urkomischer Lesespaß für Schulanfänger.

»Eine wunderbare Kinderbuch-Reihe – in größerer Schrift und mit leicht lesbaren und doch gut erzählten Geschichten. Mit Maja Bohns witzigen Illustrationen sind sie toller Stoff für Erstleser.« *Augsburger Allgemeine*

»Kurzweilig, witzig und liebevoll illustriert darf dieser Mattis-Band in keiner Schultüte fehlen – schmackhafter kann man Kindern das Lesenlernen kaum machen!« *Münchner Merkur*

Mattis und das klebende Klassenzimmer
Mattis und die Sache mit den Schulklos
Mattis – Schnipp, schnapp, Haare ab!
Mattis – Der spinnt, der Lehrer Storm!
Von Silke Schlichtmann
Farbig illustriert von Maja Bohn
Alle Bände je 64 Seiten, gebunden